AF564359

PRÉDICATIONS AGRICOLES.

QUATRIÈME PRÉDICATION.

Typ. et Stér. HUMBERT. — Mirecourt.

PRÉDICATIONS AGRICOLES.

QUATRIÈME PRÉDICATION.

Sera réputé contrefait tout exemplaire non revêtu de la signature ou de la griffe de l'Auteur ou de l'Editeur.

Typ. et Stér. HUMBERT. — Mirecourt.

PRÉDICATIONS
AGRICOLES

DESTINÉES A GUIDER

LES INSTITUTEURS ET LES PRATICIENS INSTRUITS

DANS L'ENSEIGNEMENT DE L'AGRICULTURE,

A L'ÉCOLE, A LA VEILLÉE ET DANS LES CONFÉRENCES INSTITUÉES AU VILLAGE.

QUATRIÈME PRÉDICATION.

L'EXPLOITATION AGRICOLE

AU TRIPLE POINT DE VUE

DE LA MORALE, DE L'ÉCONOMIE ET DE L'HYGIÈNE,

EN 3,000 PRÉCEPTES D'UNE A TROIS LIGNES,

PAR J.-E. DEFRANOUX,

Ancien Président de la Société d'Emulation du Jura, & Membre de celle des Vosges.

Qu'est la morale, si ce n'est l'économie, et qu'est l'économie, si ce n'est la morale?
En outre, sans l'une et l'autre, qu'est l'homme?
Puisqu'il en est ainsi, cher laboureur, qu'elles président, sur ton domaine, à toute pensée et à tout acte!

PARIS,

HUMBERT, LIBRAIRE-ÉDITEUR,

Rue Bonaparte, 43, et rue Sainte-Marguerite, 30.

1861.

1862

ERRATA.

Page 5 ligne 15 *au lieu de* e désire, ***lisez :*** je désire.
8 — 35 *au lieu de* fils ***lisez :*** fils.
15 — 28 *au lieu de* Christ, ***lisez :*** Christ.
15 — 29 *au lieu de* aprés, ***lisez :*** après.
35 — 36 *au lieu de* sang froid, ***lisez :*** sang-froid.
37 — 35 *au lieu de* d'une qualité, ***lisez :*** une qualité.
48 — 26 *au lieu de* corps de doctrines, ***lisez :*** corps de doctrine.
95 — 37 *au lieu de* oit, ***lisez :*** soit.
97 — 38 *au lieu de* vu, ***lisez :*** vue.
101 — 35 *au lieu de* naîtres, ***lisez :*** naître.
108 — 34 *au lieu de* pable, ***lisez :*** incapable.

AU LECTEUR.

Nous avons vu, mon cher lecteur, comment on fertilise la terre.

Je t'ai dit quel trésor sont les bêtes, et quels soins elles réclament pour se laisser pétrir selon nos vues.

Nous connaissons les plantes agricoles et leurs besoins multiples.

Bref, en matière agricole, nous n'ignorons plus ce que c'est qu'amender, fumer, labourer, semer, cultiver, récolter, préparer, conserver, acheter et vendre.

Autant dire que nous en sommes à la moitié du cours préparatoire de morale et d'économie que nous avons à faire, pour compléter les connaissances élémentaires nécessitées par le besoin de débuter facilement dans le grand art de cultiver la terre avec profit.

Aussi, encore quelques efforts de lecture réfléchie, et nous reconnaîtrons que, réunies, la morale et l'économie sont la boussole et le compas du laboureur.

En effet, elles lui montrent sans cesse, en tout, et à chaque pas, Dieu sans qui tous nos efforts sont vains.

Elles épurent et fortifient son âme.

Elles illuminent son esprit.

Elles l'empêchent de se tromper de voie.

Elles lui apprennent qu'avec un but, on travaille, avance et arrive.

Elles lui révèlent que le labeur, l'étude, la vigilance, et l'ordre sont le commencement de la fortune et de la vertu.

Elles lui disent que savoir obéir est savoir commander.

Elles allongent sa vie par de bonnes habitudes.

Elles lui procurent la dignité sans laquelle on n'est rien.

Elles ouvrent doucement le cœur de ses enfants à de nobles élans.

Elles communiquent au sien la douce chaleur que les sages appellent *contentement de soi-même.*

Elles rendent sa vie semblable à l'onde ignorée mais bienfaisante, qui féconde les rives qu'elle baigne, et où se reflète la paisible sérénité d'un ciel d'azur.

Elles convient le riche oisif à la culture de son domaine.

Enfin, dans cette quatrième prédication, comme dans celles qui la précèdent, elles accomplissent leur œuvre de moralisation des masses et de progrès agricole, à l'aide de milliers de préceptes d'abord puisés aux sources les plus pures, puis présentés en phrases assez courtes pour que tu puisses, mon cher lecteur, te les assimiler tout aussitôt, dans l'intérêt le mieux entendu du milieu où tu vis.

Je dis *du milieu où tu vis,* car se perfectionner est acquérir des qualités et des facultés qui réagissent de la manière la plus heureuse sur l'état matériel et moral de ceux qui nous entourent.

AUX INSTITUTEURS.

Instituteurs, j'ai eu en vue, dans ce travail, de faire de vous d'intelligents moniteurs de l'enfant, du jeune homme et de l'homme mûr de la campagne.

Lisez-le, et s'il vous semble pouvoir, avec les trois prédications qui le précèdent, vous fournir les moyens de compléter d'une manière féconde, mes deux petits cours de labour, l'un, des enfants, et l'autre des petits enfants, n'attendez pas, pour introduire dans vos écoles, un fructueux enseignement de l'agriculture, que l'Université vous y oblige.

Pour le bon maître, le cadre officiel des études est toujours trop étroit, et le progrès exige de vous de sérieuses connaissances agronomiques.

AUX PASTEURS.

Pasteurs des âmes, pourquoi la foi résiste-t-elle aux ébranlements qu'on lui imprime?

C'est parce que vos prédications sont là pour la défendre, la susciter et l'augmenter.

Pourquoi aussi ne grandit-elle pas à votre gré?

C'est parce que, dans votre apostolat, vous êtes trop isolés.

C'est parce que le mauvais livre et l'amour exclusif de la matière défont incessamment votre œuvre.

C'est parce que, dans les campagnes, vous négligez par trop d'agir, à l'aide d'un levier tout puissant : la science.

Cela étant, agréez, en attendant mieux, le concours de mes prédications agricoles.

Recommandez mes petits livres aux maîtres et aux maîtresses de l'enfance, et surtout, dans le but d'arrêter l'émigration rurale, soyez-en les échos.

Au reste, comme les vôtres, mes prédications glorifient la prière et le travail,

Elles veulent l'amour et l'observation de la loi de Dieu.

Elles érigent en devoir le sacrifice.

Elles placent le bonheur dans l'esprit de famille.

En attachant le laboureur à la paroisse où il est né, elles le rivent aux lieux où sa piété risque le moins.

En outre, en tendant à susciter dans les campagnes, au point de vue professionnel et spirituel, des masses à proposer en exemple à celles des grands centres, elles forment une digue puissante à opposer au plus grand dissolvant des sociétés : l'affaissement continu du sens moral.

A M. DE BLAYE, membre de la Société d'Emulation des Vosges.

Je désirais, pour l'examen de mes *Prédications agricoles*, le juge qu'aujourd'hui on ne voit plus guère qu'en rêve, c'est-à-dire le praticien expérimenté doublé de l'homme de cœur.

Hé bien, j'ai eu la bonne fortune de me le voir accorder par la Société d'Emulation des Vosges.

Ce n'est donc pas en vain qu'on se dévoue, et si, plus tard, je mettais sur le métier un autre ouvrage, je saurais où trouver l'examinateur le plus capable, par son exemple, son appui et ses conseils, de faire d'un apôtre qui n'en est encore qu'à s'essayer, l'homme dont Horace dit : *justum et tenacem propositi virum.*

Voulant ne vous montrer que de la gratitude, j'ai fait en latin votre portrait.

Pour l'honneur de notre pauvre humanité, comme pour mon bonheur, je désire rencontrer beaucoup de caractères qui me fournissent l'occasion de me tromper de la même manière.

PRÉDICATIONS AGRICOLES.

PREMIÈRE PARTIE.

L'Economie morale.

La morale est la base de l'économie politique, industrielle, commerciale, et surtout agricole.

Elle est le drapeau déployé, sur le chemin de la vertu et de l'honneur, devant tout ouvrier de la terre.

Aussi, commencerons-nous par elle.

LES EFFETS DE L'AFFAISSEMENT DU SENS MORAL.

Le riche propriétaire foncier quitte, soit pour exister en épicurien, soit pour chercher dans la spéculation, un surcroît d'opulence, le domaine rural dont il pourrait doubler le revenu.

Honteux de la noble profession qui vient de l'enrichir, l'agriculteur rêve pour son fils, un rang élevé dans les grands centres.

Ruiné par un bail à clauses imprévoyantes, ou par le désir de jouir avant d'avoir acquis, le fermier se fait ouvrier industriel ou cabaretier.

Ignorant ou niant l'utilité de l'enseignement agricole, l'instituteur n'attache pas, par un cours attrayant de labour, l'enfance rurale aux lieux qui l'ont vue naître.

Sur les bancs de l'école et du collége, on fait passer le savoir avant la morale, et la mémoire avant l'étude réfléchie.

Au séminaire, on néglige de dire à qui sera pasteur, qu'instruire le laboureur dans l'art où Dieu se manifeste le plus, est le rendre pieux.

On insulte au savant qui est modeste et au littérateur qui se respecte.

On est proclamé littérateur ou artiste, à la condition de relever d'une coterie, de trancher impertinemment sur tout, et de présenter aux masses des images qui leur fassent prendre l'iniquité pour la vertu, et le laid pour le beau.

L'art cesse ainsi d'être une religion.

On offre la superficie là où il faut la profondeur.

On produit vite au lieu de bien.

L'idée est noyée dans la phrase.

Spéculation honteuse, le roman prend ses héros dans la caverne, le bagne, la prison, le bouge et le cabaret.

La presse qui, en outre, se donne au plus offrant, collabore avec lui, cherchant à rendre piquants ou émouvants, les faits et gestes du vice et de l'attentat.

L'éloquence est un jeu de l'esprit, ou une massue qui tombe sur les institutions.

L'égoïsme glace les cœurs.

Le culte du veau d'or énerve et pervertit les âmes.

L'intérêt, l'orgueil et l'envie chassent — de la société le respect, — de l'esprit les grandes pensées, — du cœur l'amour du sacrifice, — et de l'âme la pureté et les croyances.

Les coutumes favorables aux affections tombent sous celles qui dessèchent le cœur.

Le pouvoir manque de force ou de courage pour aborder les entreprises auxquelles s'opposent ceux qu'enrichit l'état des choses.

Autant dire que la voix des intérêts particuliers est prise par lui pour celle de Dieu.

La société forme une échelle du haut et du bas de laquelle on se regarde avec dédain ou menace.

On oublie que les hommes sont frères, et que, par suite, le noir est, comme le blanc, un fils du premier homme.

Ceux qui veulent la liberté pour l'ancien monde, appellent *libres* les populations du nouveau monde à moitié composées d'esclaves.

On ne reconnaît pas l'égalité devant le mérite.

Un beau nom est bien plus qu'une grande vertu.

Le titre honorifique s'usurpe.

Le talent et la probité sont de tristes moyens de parvenir.

Nager entre deux eaux est faire preuve de tact.

La loi est une ennemie à renverser.

Trop timides pour l'attaquer eux-mêmes, les rhéteurs lancent contre elle le travailleur trompé et perverti par leurs sophismes.

Essences sans lesquelles la liberté n'est pas, la religion, la famille et la propriété, sont remises en question.

On n'ose paraître dans la rue avec un riche habit.

En d'autres termes, celui qui vit du luxe, voudrait le lapider.

Le droit se mesure sur l'intérêt individuel.

La fin justifie les moyens.

Du bien on fait le mal, et de la règle l'exception.

La langue du devoir n'est plus comprise.

Le fort du jour oublie sa faiblesse de la veille.

Ceux qui, hier, voulaient la tolérance, pratiquent la persécution.

On interprète, au profit des passions et des abus, le salutaire principe d'autorité.

On donne, par suite, le nom de ce principe à la force abusant de son pouvoir, ou assurant, par le mystère, l'impunité du grand coupable.

Pour être maintenu dans la position qu'on a conquise, on laisse faire les mauvaises natures.

On élève le méchant qui menace.

L'humble agent a tout à redouter de son honnêteté, et tout à espérer de l'oubli du devoir.

L'élu doit son mandat à la fraude, à l'intrigue, à l'intimidation ou à l'indifférence publique.

On excuse le puissant qui élude l'impôt.

On rend le chemin plus long, afin qu'il passe devant chez lui.

On se prosterne avec acclamation devant l'indignité, dont on peut profiter.

Les obsessions de l'intrigue font oublier à l'administrateur, les vœux de la justice distributive et du progrès.

La paperasserie couvre, en ce malheureux, le peu d'élévation des vues.

Il refoule, avec une méprisante brutalité, la bonne idée venue d'en bas.

Il fait une lettre morte de celle qui vient d'en haut.

Il sacrifie l'agent que son intégrité rend odieux aux influences qu'il caresse.

Des pratiques religieuses on se fait un marche-pied pour les emplois et les honneurs.

Le dévouement et le sacrifice sont travestis, dans ce qu'ils ont de plus sublime, en actes d'ostentation ou de démence.

La charité elle-même est un moyen de poser et d'aboutir.

L'oisiveté s'appelle *indépendance*.

Des maîtres de l'enfance et de la jeunesse donnent de funestes exemples.

L'orgie trône à la place des joies honnêtes et des travaux utiles.

Le luxe et les manières sont tout, et l'homme rien.

On ne veut plus mourir pour son pays.

On vit comme si le jour devait être sans lendemain.

Enfin, après avoir ce qu'on appelle improprement *vécu*, on expire sans savoir où l'âme ira.

Cela connu, cher laboureur, ne m'approuveras-tu pas d'avoir pensé que vivre est bien faire, et que la morale est un flambeau sans lequel l'homme s'égare sans cesse dans la nuit de la vie?

LA MORALE ÉVANGÉLIQUE (selon DROZ.)

La meilleure manière d'être agréable à Dieu est indiquée par la morale évangélique.

Elle est le plus beau des sujets de lecture et de méditation.

Le père et la mère doivent en être, sous les explications du pasteur, les premiers gardiens, les premiers observateurs et les premiers instituteurs.

Dans ce sublime ouvrage, maîtres de l'enfance et de la jeunesse, tout respire et inspire l'amour du genre humain.

Le sentiment et le bon sens y sont élevés par une bouche divine, au plus haut degré de pureté et de grandeur.

Chaque précepte y est un grain qui, semé en bonne terre, produira la vertu.

Le premier but de l'enseignement public doit être de pénétrer les âmes de son double principe.

Inspirer le seul amour de Dieu qui nous dit *aimez-vous les uns les autres*, est faire des mystiques.

Inspirer le seul amour des hommes est donner des vertus incomplètes.

La piété qui n'est pas éclairée produit le plus grand des maux : l'intolérance.

Le savoir sans les croyances religieuses est le plus fatal écueil de qui aspire à la perfection.

Sous le nom de fanatisme, l'exagération en matière de culte, conduit aux plus fâcheuses aberrations.

LES DEVOIRS DES MAITRES ET DES PARENTS DE L'ENFANCE (selon Droz.)

C'est pouvoir espérer la vertu et le bonheur que d'avoir, au commencement de la vie, des maîtres dont les tendres soins dirigent habilement nos premiers pas.

L'école et la maison paternelle sont, comme l'église, des temples où le feu nécessaire à la vie morale doit être sans cesse entretenu.

Il importe à l'enfant de savoir de bonne heure que le trésor de l'homme est sa confiance en Dieu.

Il faut lui dire qu'une certaine défiance de soi est le commencement de la sagesse.

Apprenons-lui à se connaître et à se perfectionner.

Faisons-lui voir et sentir que le mal est la dégradation de l'ouvrage de Dieu.

Montrons-lui l'art de penser et d'être bon, avant celui d'acquérir.

Rappelons-lui que, du mont Sinaï, le Seigneur a dit au peuple juif : *tu ne déroberas pas.*

Faisons entrer dans son intelligence et dans son âme les autres commandements du divin maître.

Formons son caractère par les réflexions que nous lui ferons faire, comme par les impressions que nous lui procurerons.

En lui expliquant, chaque jour, des principes de conduite, donnons un grand empire à sa raison.

Qu'il trouve, par nos soins, les biens convoités par l'ambition, semblables aux laides peintures qui, vues de loin, paraissent magnifiques !

Mettons-le en état d'accomplir dignement, par un heureux travail sur lui-même, les devoirs de la vie.

Inspirons-lui l'esprit de sacrifice qui est la charité.

Amenons son âme à se diriger avec intelligence vers les contemplations célestes.

Répétons-lui sans cesse que l'homme est un être confié à lui-même par la divinité.

Qu'il sache que son premier devoir est de s'épurer !

Qu'il considère que ce devoir implique celui de faire un noble usage des facultés qui nous distinguent des animaux !

Les études morales sont nécessaires dans toutes les situations de la vie.

Elle nous font connaître et supporter toute misère.

Sans elles, notre bonheur est soumis au hasard.

Elles sont le guide qui nous dirige dans le labyrinthe de l'existence.

Ne demandons qu'à elles le bonheur qu'elles seules, d'ailleurs, peuvent nous donner.

Le bonheur est partout où l'on peut être utile.

Etudier et travailler sont apprendre à bien faire.

On n'est heureux qu'à l'aide des travaux combinés du corps, de l'esprit et de l'âme.

LES DEVOIRS MORAUX DE LA LITTÉRATURE (selon DROZ.)

Littérateurs, la source du bonheur individuel et général est dans la morale.

Puisqu'il en est ainsi, secondez, dans leur enseignement, pasteurs, parents et maîtres de l'enfance et de la jeunesse.

Ajoutez, s'il est possible, par vos écrits, aux charmes naturels de la vertu.

Opposez l'intelligence à la matière, et, en d'autres termes, la force spirituelle à la force brutale.

Rendez-vous chastement maîtres des cœurs.

Eclairez le mauvais ouvrier dans son bouge.

Instruisez dans son art, le pauvre laboureur qui n'a de connaissances que celles de ses aïeux.

Préparez la jeune fille à devenir une bonne ouvrière, une bonne épouse et une bonne mère.

Ne sacrifiez qu'au beau et à l'utile.

Suscitez, au milieu de nous, des esprits élevés dont l'influence calme et rallie les partis politiques et religieux.

En prêchant le devoir, réparez les désastres causés par les passions divergentes.

Malheur au peuple dont la littérature ne puise pas tous ses moyens dans les idées morales les plus hautes !

Bien comprise et bien définie, la littérature n'est pas un art futile uniquement occupé de plaire.

Son but est de répandre et de faire aimer les élans généreux, les idées justes et les données scientifiques.

Quand le ciel nous accorde le don de bien écrire, employons-le à indiquer aux hommes tous les moyens de devenir meilleurs.

Semons de fleurs la route du savoir qui moralise.

Les meilleurs livres sont ceux qui sont de bonnes actions.

Enfin, la plus noble mission des belles lettres, est d'accroître le nombre des gens de bien.

DIEU.

Dieu a créé toutes choses.

Il est partout, voit tout, entend tout, sait tout et conduit tout.

Sans commencement, il est aussi sans fin.

Les cieux racontent ses œuvres et sa gloire.

Il a dit à la lumière de se faire, et la lumière s'est faite.

Il n'y a pas jusqu'à l'atome qui ne témoigne de sa toute puissance.

Il n'y a rien à ajouter, à ôter ou à redire à ce qu'il fait.

Ses arrêts sont impénétrables.

Sa prévoyance embrasse toutes choses.

Il a fait l'homme à son image.

Il est l'auteur de toutes les joies pures.

Il a mis dans notre âme un grand juge : la conscience.

Il est le bouclier du juste.

Il relève ceux qui tombent.

Il sourit au repentir.

Il échauffe de son souffle les âmes sanssouillures.

Il va au-devant de qui le cherche.

Il visite celui-là même qui ne l'adore pas.

Il grave les mérites sur ses tables.

Il fait périr l'espérance des méchants.

Il sait, avant tout homme, le moyen et le moment de le sauver.

Il sonde les reins et scrute le cœur.

Il offre à la vertu une palme immortelle.

LA PROVIDENCE.

La providence est la prévoyance de Dieu.

Elle veille sans cesse.

Elle renverse ou sauve les empires.

Elle accourt au secours de la foi, de l'innocence et de la faiblesse.

Elle découvre le crime qui espérait rester caché.

Frappés par un malheur, en apparence irréparable, les bons mettent en elle tout leur espoir.

L'ÉGLISE.

L'église est la maison de Dieu.

Elle est l'école de piété de tous les âges et de toutes les conditions.

Elle est le pieux monument consacré au Seigneur par la foi de nos pères.

Elle est le lieu de rendez-vous des âmes qui croient à l'immortalité.

Elle est un trait-d'union entre la terre et le ciel.

Le chrétien y reçoit le baptême.

Il s'y met avec son Dieu en une communion pleine d'espérance et de bonheur.

L'union des époux y est bénie.

Le désespoir y sollicite un terme à sa souffrance.

Le pasteur y explique la parole du divin crucifié.

Il y prie devant le cercueil.

Il y recommande ceux-là même auxquels la prière est inconnue.

Il y sème la vertu dans les jeunes âmes.

Il y dit aux méchants que leur maison est suspendue sur le bord de l'abîme.

Il y écoute le repentir.

Il nous y ramène à l'amour et au respect des lois divines.

Les bons en sortent meilleurs et plus heureux encore qu'avant d'y être entrés.

LE PASTEUR.

Le pasteur est le maître spirituel de tous les âges.

L'église est son épouse.

Sa famille est son troupeau.

Ses frères sont le riche et le pauvre.

Ils sont aussi les méchants, et celui-là même qui n'adore pas son Dieu.

Bienveillant intermédiaire entre toi et le Seigneur, il te rapproche de lui.

Il te mène par la main dans les sentiers difficiles de la vie.

S'il te quitte, c'est pour aller chercher le martyre chez des peuples sauvages.

Il puise dans la foi le courage de te dire de dures vérités.

Il t'enseigne et te fait aimer le sacrifice.
Il exige de toi et te rend doux le pardon de l'offense.
Il ramène avec bonté la brebis égarée.
Comme Jésus, il prend sur ses épaules celle qui est fatiguée.
Il reçoit et garde le secret du repentir.
Il relève l'âme abattue.
Il rend le faible fort.
Au désespoir il montre l'espérance.
Ses bénédictions rendent nos champs fertiles.
Dans le danger, il se dévoue même pour celui qui vient de l'outrager.
Au soldat qui court verser pour la patrie, le plus pur de son sang, il offre un pieux talisman.
Au moment suprême, tu le verras venir à ton chevet, t'absoudre de tes fautes, et te promettre le ciel.

LA SŒUR EN RELIGION.

Le pasteur du village rappelle à son troupeau que le Sauveur du monde est né dans une étable.
Il a, dit-il, été persécuté.
Sa divinité s'est reflétée dans sa sagesse.
En mourant, pour nous, de l'indigne supplice de la croix, il a prié pour ses bourreaux.
Qui donc écoute avec le plus d'élans d'amour pour le divin crucifié ?
C'est une jeune et pure villageoise.
Chaque souffrance de Jésus en est une pour elle.
Son âme s'emplit d'une chaste flamme.
C'en est fait... Elle sera l'épouse du Christ.
Après l'innocence et la foi, que veut son Dieu ?
C'est un ardent amour pour le prochain.
Hé bien, elle aimera son prochain.
Elle servira de mère aux petits enfants.
Elle consolera les affligés.
Elle laissera là les joies du monde pour les malades.
Plus la plaie sera hideuse, plus elle fera d'efforts pour la guérir,
Plus le danger sera grand, plus elle aura l'espoir d'aller bientôt trouver son Dieu.
Voilà la vie de la sœur en religion, au milieu des campagnes et des villes qui retentissent des chants du laboureur et du fracas de l'industrie.

Mais quand le bruit plus grand de la guerre se fait entendre, elle vole vers les champs de la Crimée.

Elle y vole sans souci du mécréant et de l'épidémie.

Elle panse les frères ennemis des deux armées.

Elle les soulève et les soutient.

Elle les porterait, si elle en avait la force.

Puis, quand ils vont mourir, elle dit aux guerriers que le ciel est là qui les attend.

Des champs de la Crimée, la sainte fille se rend, un peu après, dans ceux de l'Italie, où s'égorgent des enfants de la même église, et où Dieu lui réserve une douce surprise.

En effet, les fils armés du laboureur l'ont imitée.

Comme elles ils prient, en contemplant la médaille bénie qui les a protégés dans la bataille.

Ils pleurent, en la voyant penchée sur les blessés.

Ils partagent leur pain avec l'ennemi vaincu.

Ils étanchent sa soif, arrêtent son sang et lui serrent la main..

Encore une guerre, et comme la sœur qui vient de les transfigurer par son exemple, ils montreront le ciel à tout mourant.

Ah ! Laboureur, sois fier de l'ange qui est ta fille, et des soldats tes fils que ses vertus ont sanctifiés.

LE PRINCE.

Le grand prince est le pasteur temporel de ses sujets.

Il est le génie du bien occupé à chasser celui du mal.

Il protége la religion et ses ministres.

Il respecte les cultes qui ne sont pas le sien.

Il s'attache à peupler ses états.

A sa voix, les moissons, les pâturages et les troupeaux se multiplient.

Dans sa pensée, l'agriculture est le plus noble des arts.

Il endigue les fleuves.

Il sillonne l'Empire de voies de toute espéce.

Il embellit et assainit les villes.

Il veut que l'industrie et le commerce soient.

Pour les faire grandir, il supprime les barrières qui isolent les peuples.

Il glorifie la science, encourage les arts, et met en honneur les bonnes lettres.

Il fait former et multiplie les maîtres de l'enfance et de la jeunesse.

Il veille à ce qu'on instruise et moralise l'âge mûr lui-même.

Il découvre et récompense les mérites cachés sous la veste et la blouse.

Il apparaît soudain au milieu des victimes du sinistre ou du fléau, les mains pleines de dons consolateurs.

Aux yeux du peuple, ses concessions émanent, non de la peur, mais de l'amour.

Dans sa sagesse, il emploie et exige des poids justes.

Il parle, et les soldats illustrent la patrie.

Il dit, et partout la lumière jaillit.

Il fait, et son exemple inspire l'esprit de sacrifice.

Il veut, et nul abus ne peut rester debout.

Il décide, et les rois ses frères s'inclinent.

Il montre l'olivier, et la paix est.

Tel prince, tel peuple, et le bonheur du peuple est la gloire du prince.

LA LOI.

Dans un pays civilisé et libre, la loi est l'expression de la volonté de presque tous.

Elle n'est odieuse qu'aux méchants.

Rends à César qui est la loi, ce qui lui appartient.

L'ARMÉE.

L'armée de terre garde et défend le souverain, les institutions et notre indépendance comme nation.

Sa noble sœur l'armée de mer garde et défend les abords maritimes de l'Empire, la haute mer, nos colonies et nos comptoirs.

Les deux armées portent au loin la gloire et la civilisation de la France.

Elles sont le progrès bardé de fer et muni de la foudre.

A la voix du prince et du pays, elles vont délivrer les peuples asservis, ou balayer de leurs feux les sauvages contrées où la foi religieuse vient d'avoir des martyrs.

En temps de troubles politiques, elles préviennent les catastrophes sociales.

A qui en douterait, montrons la France redoutée, respectée et admirée de l'Etranger.

Montrons la Turquie arrachée à l'aigle moscovite, l'Italie rendue à l'espérance de l'unité, et les bons savoyards redevenus nos frères.

LES GRANDS ET LES PETITS CORPS DE L'ÉTAT.

Les grands et les petits corps de l'Etat sont les moteurs qui, sous l'impulsion du prince, agissent avec ensemble, dans l'intérêt de tous, sur la fortune, la sécurité et la moralité publiques.

LE PÈRE.

Le père est le prince de la famille.

A lui le devoir de bien prescrire ce qui doit être bien fait.

A lui, qand il est jeune, la part de travaux la plus grande et la plus difficile.

A lui le devoir d'être le plus fort de la famille, dans les moments d'adversité.

A lui de rendre légère, à force de soins, la rude tâche de sa compagne.

A lui la direction de la prière du matin et du soir.

Il est l'œil, la tête, le bras et l'âme de la maison.

Il est l'honneur et le bonheur de la famille.

Il ne se réjouit pas du fils impie.

Il n'attendra jamais la fortune des mains de ses enfants.

L'ÉPOUX.

L'époux bien partagé chérit la chaste épouse de son choix.

Il se souvient sans cesse qu'elle a donné le jour à ses enfants.

Il ne l'outrage pas par une défiance imméritée.

Il l'entoure d'égards.

Il met en elle tout son orgueil.

Il la conseille doucement.

Il appelle sa prudence à son aide.

L'époux mal partagé n'accorde à sa compagne nul pouvoir sur lui-même.

Il ne laisse pas à sa méchanceté l'occasion de paraître.

Il la ramène par un heureux mélange de fermeté et de bonté.

Ne pouvant l'amender, il commande, agit et surveille, comme si la maison était sans ménagère.

LA MÈRE.

Qui pourra définir la tendresse d'une mère ?
Avec l'époux, l'enfant est tout pour elle.
Elle met en lui tout son bonheur et toutes ses espérances.
Dans sa pensée nul autre ne le vaut.
Mais son amour finit par l'égarer.
Son indulgence devient faiblesse.
Des caprices de l'enfant, sa faiblesse fait des vices.
Puis, un jour, celui-ci retourne contre sa mère, l'aveugle tendresse qui l'a perdu.

L'ÉPOUSE.

C'est la vertu qu'on doit chercher dans une compagne.
La bonne épouse est la femme forte de l'Ecriture.
Elle sait toujours s'accommoder de l'état de la maison.
Dans un revers de fortune, elle lutte courageusement contre la pauvreté.
Sa hardiesse ne couvre pas l'époux de confusion.
Nul mauvais sentiment ne contracte son visage.
Elle a un cœur en lequel se confie celui des siens.
Ses enfants sont, autour de sa table, pareils aux rejetons de l'olivier.
Elle est chaste et pudique.
Sa mise est simple.
Elle ouvre sa bouche à la sagesse.
Il ne sort de ses lèvres que de douces paroles.
Elle se lève tôt pour distribuer leur tâche à ses servantes.
Le conseil préside à l'ouvrage de ses mains.
Elle est toute à Dieu, à son époux et à sa jeune famille.
La paix et la bénédiction divine ne quittent pas son foyer.
Les femmes oublieuses de leurs devoirs y trouvent de grands et de touchants exemples.

L'ENFANT.

L'enfant ne sait pas assez ce que valent les soins dont ses parents l'entourent.
S'il le savait, qu'il les rendrait heureux !
Obéir étant aimer, il leur obéirait toujours.
Il trouverait la soumission bien facile et bien douce.
Il préviendrait tous leurs désirs de le voir mieux faire.

Il prêterait à leurs conseils une oreille attentive et reconnaissante.

Il ne verrait dans leurs reproches que de l'amour pour lui.

Dans le but de leur plaire, il étudierait avec ardeur.

Il les aiderait de son mieux dans leurs travaux.

Il apprendrait à devenir leur bâton de vieillesse.

Il s'attacherait à eux, comme le lierre à l'arbre.

LE MAUVAIS MAITRE.

Le mauvais maître oublie que, comme ses serviteurs, il est pétri de limon.

Il oublie que, lui-même il a servi sous d'autres.

Il les accable de travaux.

Il loge et nourrit mal.

Il gage encore plus mal.

Il n'est content de rien.

Il humilie au lieu d'encourager.

Il irrite par d'injurieux soupçons.

Il change de valets, à chaque instant.

Il dit au serviteur malade d'aller à l'hôpital.

Tel maître, tel valet.

LA MAUVAISE MAITRESSE.

Les mauvaises maîtresses ne peuvent se compter.

Elles valent encore moins que les mauvais maîtres dont elles ont tous les défauts.

Ainsi, la mauvaise maîtresse fait de sa domestique une confidente.

Elle lui dit d'épier son mari à toute heure.

Elle la prie de l'aider à le tromper de toutes façons.

Elle veut savoir par elle ce qu'on fait chez les autres.

Capricieuse, exigeante, acariâtre et sans moralité, elle n'inspire que la haine ou le mépris.

LE MAUVAIS VALET.

Le mauvais valet se place en mauvaise maison.

Il se gage à petit prix.

Changeant à tout moment de maître, il n'apprend rien.

Pour quelques francs de plus, il quitte la meilleure condition.

Il épie tous les actes et il écoute toutes les paroles de ses maîtres, pour les trahir.

En secret il déprave leur jeune famille.
Il obéit avec murmure.
La plus douce réprimande lui inspire de la haine.
Il fournit un travail insuffisant.
Il n'a pas un centime pour la caisse d'épargne.
Il dérobe ce qu'il peut.
Son inconduite le fait chasser.
Chassé, il va se faire chasser ailleurs.
Décrié, il se fait homme de sac et de corde.

LA MAUVAISE DOMESTIQUE.

La mauvaise domestique vaut encore moins que le mauvais valet.
Imprévoyante, elle se place où sa vertu risque le plus.
Menteuse, elle n'inspire aucune confiance.
Paresseuse, elle laisse tout aller à l'aventure.
Bavarde, elle dit ce qui se passe à la maison.
Curieuse, elle écoute à la porte.
Indiscrète, elle se mêle aux discours de ses maîtres.
Méchante, elle les décrie.
Coquette, elle dépense son gage à se rendre aussi belle que sa maîtresse.
Sans dignité, elle aide celle-ci dans de honteuses intrigues.
Pervertie, elle usurpe les droits de l'épouse.
Cupide, elle s'entend avec les fournisseurs de la maison.
Voleuse, elle exagère ses déboursés.
Sale, elle inspire le dégoût.
Indigne à tous égards, elle est chassée.
Chassée, elle n'a plus à aller qu'en cour d'assises.

LE CITOYEN (Selon DROZ).

Le gland produit un chêne.
L'enfant devient un homme.
En conséquence, avant d'être homme, qu'il se pénètre bien de ce qui fait le citoyen!
L'ordre social repose sur la religion, la famille et la propriété.
Fondée sur l'alliance de la science et de la morale, l'instruction générale est sa sauvegarde.
Dieu veut que la misère, cette ennemie la plus grande de l'ordre, soit combattue par le travail.
Or un certain développement de ses facultés est nécessaire

au citoyen, pour qu'il connaisse ses devoirs envers la société.

Un pays se civilise à mesure que ses habitants grandissent en lumières, c'est-à-dire, en dignité.

L'immutabilité ne convenant qu'à ce qui est parfait, les peuples ont, à cet égard, des besoins qu'on ne saurait se refuser à satisfaire, sans les jeter dans un état de souffrance qui corrompt leurs mœurs, et fait languir leur industrie.

Aussi l'Etat où régnerait l'ordre le plus admirable, serait-il celui dont tous les citoyens distingueraient d'eux-mêmes le mal du bien.

Le moyen le plus sûr de bientôt recueillir cette connaissance de tout devoir, est de répandre la doctrine du progrès dans toutes les classes de la société, à commencer par les plus hautes.

Je dis *à commencer par les plus hautes*, parce que celles-ci, malgré leur excellente opinion d'elles-mêmes, ont bien à faire encore pour être sans défauts.

Mais les peuples ont besoin, pour voir leur félicité durer et progresser, non seulement de lumières, mais encore d'institutions appropriées à leurs aspirations.

Avant tout, la loi doit être aussi religieusement observée que loyalement appliquée.

Dans un Etat, le bien est fait par la raison, et le mal par les passions.

On est libre, dans un pays où, sans distinction de position, tout délit est puni, et tout service apprécié à sa valeur réelle.

Où l'on ne peut exprimer par écrit d'honnêtes pensées, et, par exemple, avertir l'autorité locale ou le pouvoir, la liberté n'existe pas.

Elle existe encore moins là où la loi forge la chaîne du noir.

Triste pays aussi que celui où un culte en opprime impunément un autre.

En effet, l'âme, avant tout, relève de Dieu.

Enfin, une liberté sage amène le fort à suivre l'équité.

Cependant, imposées trop tôt et tout d'un coup à un peuple, la liberté et l'égalité politiques sont grosses de désastres.

Ainsi, en France, les séduisantes théories font trop souvent perdre de vue les vérités pratiques.

Quand les concessions se font attendre, la classe ouvrière rend facile, en se chargeant de les arracher, la tâche des mécontents.

Quand elle a fait tomber le pouvoir atteint de cécité ou de

vertige contre lequel elle s'est dressée, elle exerce la puissance.

Mais c'est une terrible aristocratie que celle des hommes accoutumés à vivre de leurs bras.

Les sages que la crainte n'a pas trop visités ont à leur dire: *frappez, mais écoutez.*

La seule compensation à leur tyrannie est son peu de durée.

Les révolutions sont de fatales écoles d'égoïsme et de perfidie.

Les uns veulent revenir à un passé impossible à reconstruire.

Les autres rêvent un état de choses aussi peu stable que la pyramide qu'on parviendrait à poser sur sa pointe.

A cet effet, ils appellent *licence* la liberté, ou sapent les croyances les plus chères à l'âme.

Il nous faut, disent-ils, l'autorité, pour rendre le peuple heureux.

La voilà, disons-nous, insensés que nous sommes!

Ils la prennent, et l'ayant obtenue, ne songent qu'à eux.

Victorieux, ils font ce que, la veille, ils flétrissaient et attaquaient.

Il n'y a de changé ou de dépassé que la manière de mal faire.

Une seule pensée préoccupe leur esprit que nulle étude n'a préparé aux œuvres bien conçues.

C'est celle d'augmenter l'intensité de leur puissance.

Puis ils tombent sous leurs fautes.

Dans les crises sociales, défions-nous des égoïstes lâches qui se glissent entre deux partis extrêmes.

Ils attendent le vainqueur à saluer.

Ils sont prêts à lui offrir le tribut de leurs forces.

L'offre accueillie, ils le poussent à de criminelles folies.

Ils le trompent sur l'étendue de son droit et de sa puissance.

Ils alimentent le feu de la révolution, comme l'huile la flamme.

A leur voix, on bouleverse tout ce qui fait l'homme: les notions morales.

La raison menacée n'ose plus juger, et les passions prononcent.

La multitude trompée et égarée prend l'empreinte qu'on lui donne.

C'est dire qu'elle cède aux criminelles impressions qu'elle reçoit.

Pendant qu'elle crie et frappe, les bons, presque tous ahuris ou peu éclairés, laissent faire.

Quant aux sages et aux habiles, les premiers se voilent la tête, dans leur tristesse ou leur frayeur, et les seconds font tranquillement triompher leurs intérêts.

Pour prévenir les révolutions, la morale nous tient à peu près ce langage :

Quand on accroît les libertés publiques, on donne des garanties à l'autorité.

Quand on accroît l'autorité, on entoure d'un rempart les libertés publiques.

Demandons aux unes et aux autres de nous conduire, par un accord parfait, au but de toute société civilisée : la paix qui est le bonheur matériel et moral.

En conséquence, si le gouvernement établi laisse quelque-chose à désirer, ne le renversons pas.

Sollicitons avec calme les améliorations qu'il peut opérer.

Demandons-les une à une, et non toutes à la fois.

Et surtout procédons dignement au choix de nos représentants.

Le meilleur est celui qui n'inspire aucun éloignement à ceux qui le reçoivent.

En effet les vérités sévères à transmettre passent avec succès par la bouche qui sait les adoucir.

En outre, une opposition loyale et modérée éclaire, stimule ou contient le pouvoir, quand, au contraire, les attaques systématiques et passionnées le découragent et le frappent d'impuissance.

Au reste, avant de réformer l'Etat, prenons le temps d'apprendre à bien le conseiller.

On peut naître grand homme, mais non homme politique et administrateur.

Pour porter la lumière dans les assemblées, il faut être en état de gouverner sa maison, sa ville et son département.

On étudie la statistique et la législation.

On s'assure des ressources et des besoins du pays à représenter.

On s'initie aux travaux des différents ministères..

On base toute étude sur la morale qui donne à l'esprit de la justesse, et au caractère de la fermeté et de l'élévation.

On a assez longtemps vu les hommes, pour recueillir les

leçons de leur expérience, et apprendre à les juger eux-mêmes.

On s'est habitué à voir l'espèce humaine sous un aspect qui, malgré ses vices ou ses passions, procure du calme à l'âme.

On en est enfin venu à considérer que la plupart des hommes n'ont qu'une raison incomplète.

On se sent assez pur pour ne pas ressembler à Mirabeau qui commandait l'admiration, sans inspirer l'estime.

En un mot, on s'est nourri de la doctrine des devoirs.

L'ÉTUDE, L'INSTRUCTION ET LE SAVOIR.

Etudier est, pour agir en conséquence, observer la tendance et la marche de la nature.

L'étude est le commencement de la sagesse.

Elle donne la lumière aux millions d'hommes qui l'attendent pour mieux valoir.

Les travaux de l'esprit sont favorables aux affections.

L'instruction nourrit et fortifie l'intelligence.

Ce qui est l'heure pour l'ignorance, est pour elle la minute.

Aux jouissances matérielles elle ajoute ou substitue celles de l'esprit.

Elle rend éloquente la bouche des apôtres et celle des défenseurs de l'innocence.

Elle est la richesse et le bonheur du pauvre.

Instruire les hommes est diminuer le nombre de leurs fautes ou de leurs misères.

Ceux qui s'opposent à ce qu'on instruise le peuple veulent de la populace et des mendiants.

Ils lui refusent les douces émotions qui produisent sur la vie l'effet d'un léger souffle sur la flamme.

Le savoir est la machine à miracles.

Immense et néanmoins borné, il est le lot de l'intelligence qui se rapproche le plus de Dieu.

Il est à l'ignorance ce qu'est l'esprit à la matière.

LE TRAVAIL.

Travailler pour manger, et manger pour pouvoir travailler, voilà la destinée de l'espèce humaine.

Celui qui consomme sans produire est donc un parasite indigne de s'asseoir au banquet de la vie.

Travailler est étudier et s'instruire.

Le travail est, après la prière, ce qui purifie le plus.
A sa voix, la providence arrive les mains pleines de dons.
Le mouvement est la loi de la vie.
Rien n'est fait tant qu'il reste quelque chose à faire.
On ne tue pas, on emploie le temps.
L'existence est faite de minutes dont chacune vaut de l'or.
On n'est recherché qu'en proportion de son utilité.
L'homme occupé n'a que de bonnes pensées.
Qui ne travaille ni ne réfléchit, ne sait pas faire des heureux.

L'ÉCONOMIE, L'ORDRE, LA PRÉVOYANCE ET LA VIGILANCE.

L'homme économe ne crie jamais : *j'ai faim.*
La tire-lire a une bouche disant toujours : *emplis-moi.*
L'ordre est une grande et belle image de Dieu.
Dieu se rendant des comptes, pourquoi ne t'en rendrais-tu pas ?
Les soins conservent ce qu'il importe de ne pas perdre.
Prévoyance est science.
La prévoyance tient ses regards fixés sur l'avenir.
Elle saisit l'occasion aux cheveux.
La vigilance a des yeux qui sont partout.
C'est elle qui, la première, entend le chant du coq.
Où il y a beaucoup de mains, sois attentif.

L'EMPRUNT, LA DETTE, L'ACHAT, LA VENTE, LE MARCHÉ, LA CAUTION, LE PRÊT ET L'USURE.

Avant d'emprunter, sois sûr de pouvoir rendre.
L'emprunt place ton bien sur le bord d'un abîme.
Le jour où tu empruntes, tu cesses d'être libre.
Comme l'économie, la dette fait la boule de neige.
Elle trouve bien court l'intervalle qui sépare l'emprunt de l'échéance.
Acheter le superflu est vouloir vendre plus tard le nécessaire.
Acheter à crédit est payer cher.
Tiens le marché, conclu même verbalement.
Au cabaret, le marché aura lieu entre sot et fripon.
Comme dans l'achat, sois prudent et loyal dans la vente.
Ne rends compte à personne de tes affaires.

Donne plutôt que de répondre pour autrui.
Sache bien à qui tu prêtes sans garantie.
Dire *usure* est dire *vol*.

LA PRODIGALITÉ, LE DÉSORDRE, L'IMPRÉVOYANCE, LA PARESSE ET L'IGNORANCE.

On apprend à gagner aussi facilement qu'à dépenser.
La prodigalité fait sur ton bien l'effet du vent sur la poussière.
Chez le prodigue, la misère entre à brassées.
Le sac vide ne se tient pas debout.
Le désordre change le riche en gueux.
Il rendra tout travail défectueux et long.
Une manière de gagner et mille de perdre.
Supprime tous les petits ruisseaux, tu tariras toutes les grandes rivières.
On vole un porc dans le réduit laissé ouvert.
L'imprévoyance verra tomber son toit.
La jeunesse pense que 15 ans et 15 francs n'auront pas de fin.
T'endormant sans prévoyance, tu te réveilleras sans ressource.
Un paresseux amollira, en se croisant les bras, dix travailleurs.
Il est tué par sa langueur.
Commençant par le désordre, il finit par la honte et la misère.
L'ignorance marche les yeux bandés.
Elle se trompe dans tout calcul.
Elle te rend hostile à tout projet utile.
En te rendant brutal, elle crée le vide autour de toi.

LA SENSUALITÉ ET L'IVROGNERIE.

C'est la santé qui paie pour la sensualité.
La sensualité n'a jamais fait une bonne maison.
Les fous donnent et recherchent les festins.
Les plaisirs de la table sont un pain de mensonge.
L'ivresse est la suspension de la raison.
Le buveur a une audace et une langue qui le perdent, en le découvrant.
La honte, la maladie et la misère viennent s'asseoir à son foyer, pour ne plus le quitter.

Epouser un ivrogne, est être bien à bout d'aise.

L'INIMITIÉ ET LE PROCÈS.

L'inimitié oublie, pour son malheur, combien l'amour procure la paix.

Elle est le commencement de la querelle et de ses fatales conséquences.

Qui a procès perdra son bien.

Le procès met le sommeil en fuite.

Mauvais accommodement vaut mieux que bonne cause.

LA BRUTALITÉ, LA RIXE, LA QUERELLE, LA COLÈRE ET LA VIOLENCE.

Le brutal se répand en grossières paroles.

Il est un lâche qui abuse de sa force.

La rixe te ravit toute considération.

Demande, mais ne te fais pas justice.

Le poing est le pire et le plus honteux des arguments.

Les tempêtes seront dans la maison où la querelle entre.

Les plus fâcheuses querelles sont celles des parents.

Pour l'empêcher de retomber sur toi, n'épouse pas la querelle.

Malheur au doigt qui vient se mettre entre l'arbre et l'écorce !

La colère enlaidit le plus charmant visage.

Il y a, dans le transport furieux, un jugement injuste.

La violence finit par le délire.

Elle donne à l'homme l'aspect et la férocité du tigre.

Les orages de l'âme sont plus à craindre que ceux du ciel.

LES HABITUDES.

Une habitude est un lien moral, et la meilleure est celle de bien faire.

Prends celle de perdre tes vices ou tes défauts.

Lève-toi tôt.

Levé, fais ta prière.

Travaille avec ardeur.

Fais du dimanche le jour de Dieu et du plaisir honnête.

Fuis les mauvaises compagnies.

Point de mots deshonnêtes, ni de chants impurs.

A toutes les autres, préfère les joies de la famille.

Fais-toi chérir de tout ce qui t'entoure.

Use dignement de ton pouvoir, de ton talent et de tes biens.
Forme ton jugement, et épure ton âme.
En te couchant, remercie Dieu de t'avoir rendu bon.

LE MENSONGE, L'EXAGÉRATION ET LE BAVARDAGE.

C'est l'homme de peu qui ment.
Le menteur sera un faux témoin.
Il fera condamner l'innocence.
Où est la paix, il portera la guerre.
Exagérer est être bien près de mentir.
Où est le bavardage vient toujours la sottise.
L'abondance des paroles n'est pas l'esprit.

LE DÉLATEUR ET LE RAPPORTEUR.

Le délateur est un méchant.
De rapporteur on devient délateur.

LES LECTURES.

Un baume salutaire ou un poison subtil est dans les livres.
Ils sont la lumière ou les ténèbres.
Ils vivifient ou tuent.
Ils épurent ou corrompent.
Ils consolent ou désespèrent.

Ceux qui joignent au mérite de nous instruire et de nous rendre bons, celui d'être attrayants, sont les meilleurs.

Parmi ces livres, distingue ceux qui parlent des phénomènes physiques de la nature.

Ils consolent l'âme blessée par le spectacle des choses humaines.

Ils nous relèvent par des révélations pleines d'intérêt et de grandeur.

Ils nous mettent en harmonie avec le beau qui nous environne.

Ils indiquent le chemin le plus court de nous à Dieu.

LES ENTREPRISES, LES RÉSOLUTIONS ET LES PROJETS.

N'entreprends rien qui soit au-dessus de tes forces.
Ne présume pas trop de tes moyens.
Vouloir et pouvoir sont deux choses.
Une fois à l'œuvre, ne tourne pas à tout vent.
Accueille les bons conseils.
Fais comme ceux qui ont bien fait.

Accomplis toute bonne résolution.

Ne te laisse ni arrêter, ni déranger par un fêtu de paille.

Ne sois pas comme ceux qui, féconds en projets, n'en réalisent aucun.

Des nuages et du vent, mais point de pluie, voilà l'homme prodigue d'annonces.

Où le secret manque, les projets sont vains.

En la matière, mets à ta bouche une porte et un verrou.

LE DÉSIR ET LA RICHESSE.

Eclairé, le désir du bonheur est celui de la vertu.

Seconder Dieu dans toutes ses œuvres est faire un digne usage de la fortune.

Chez l'insensé, l'abondance est un fonds d'illusion.

On gémit au milieu des richesses dont on ne connaît ni le prix, ni l'usage.

Désire l'opulence, en vue du bien qu'elle permet de faire.

Quelles qu'elles soient, les paroles du riche sont élevées jusqu'aux nues.

S'il fait mal, on l'approuve, ou, au moins, on l'excuse.

Avec une clé d'or, il ouvre toute porte.

Il ne sait ni ne sent que le million de fortune est un grain de poussière devant l'honneur.

LA PROSPÉRITÉ, L'ADVERSITÉ, LA MISÈRE ET LA MENDICITÉ.

La prospérité est un aimant qui attire tout.

Penchée sur le bord de l'abîme, elle prend le vertige, et tombe.

Personne ne se précipite pour la sauver.

L'adversité découvre l'ennemi, le jaloux et l'ingrat qui se cachaient.

C'est en la combattant que l'âme devient forte.

C'est l'excès du désir qui fait celui de la pauvreté.

Rien avec la justice vaut mieux que beaucoup avec l'iniquité.

On s'affranchit de la pauvreté par le travail et l'ordre.

La plus grande pauvreté est celle de l'âme ou de l'esprit.

La misère est la pire des conseillères.

La mendicité est la dernière étape du vice ou du malheur.

Il y a des mendiants qui sont riches.

Il y en a qui étalent de fausses infirmités.

Il y en a qui, accroupis dans la rue, avec prière, méditent, pour la nuit, le vol et l'attentat.

L'AMITIÉ.

Une dent qui se brise, voilà l'ami, au jour de la détresse.

Ne mets pas souvent et ne laisse pas longtemps ton pied chez l'ami que tu tiens à conserver.

Tu es l'esclave tremblant de l'ami auquel tu as confié de redoutables secrets.

Vertueux, un ami te rend bon.

Vicieux, il te rend pire que lui.

Il y a plus de perles fines que d'excellents amis.

L'INGRATITUDE.

Craignant l'ingratitude, ne cesse pas un instant de donner.

Le bienfait glisse sur le cœur de l'ingrat.

Il attend, pour te tourner le dos, que le malheur fonde sur toi.

Il te condamnera dans une juste cause.

On reconnaît la belle âme au peu de crainte qu'elle a d'être payée d'ingratitude.

LES AVIS, LES CONSEILS ET LA RÉPRIMANDE.

L'avis peut nous sauver d'une faute ou d'un danger.

Le bon conseil vaut un bienfait.

Un seul mauvais conseil peut pervertir la meilleure nature.

La réprimande est, dans la bouche de tes parents, une preuve d'amour.

Elle réussit souvent là où le conseil échoue.

Elle laisse plus de traces dans une âme bien née, que la verge sur le dos de l'insensé.

Si tu la hais, le moyen de la prévenir est de bien faire.

L'HOMICIDE.

Comme la tienne, la vie de ton prochain appartient à Dieu seul.

L'homicide espère en vain ne pas être découvert.

La Providence qui l'a vu, le livre presque toujours à la justice humaine.

Il est sans cesse troublé dans ses pensées.

La nuit, il a peur de son ombre.

Dans ses rêves, des fantômes sanglants se dressent devant lui.

Les hommes le considèrent avec horreur.

Ils lui réservent l'échafaud ou le bagne.

Que dis-je ? En voyant sa famille cependant innocente, ils s'écrient : *voilà le père, la mère, le fils, le frère et la sœur de l'assassin !*

L'IMPIÉTÉ, LE VICE ET L'INCONTINENCE.

L'impie est un homme sans respect pour son Dieu.

Ses discours sont un tourbillon qui ravage.

Il passe comme la tempête.

Ses joies finissent dans les larmes.

Le vice est un outrage à Dieu et à soi-même.

Il est une plaie hideuse de l'âme.

Le regard se détourne avec dégoût de l'homme que le libertinage a dépravé.

Toute personne qui va au-delà de la continence se cache en vain.

La beauté de la femme impudique est un collier d'or au cou d'un animal immonde.

LA FOURBERIE, L'HYPOCRISIE, LA DISSIMULATION ET LA FLATTERIE.

Le fourbe est un tendeur de piéges.

Il ne se découvre qu'après avoir longtemps dissimulé.

Quoique tranquille, en apparence, il s'inquiète et se trouble, dans sa malice.

L'hypocrite a le ciel dans les yeux, le sourire sur la bouche, et l'enfer dans le cœur.

Chez l'homme dissimulé, d'affreux secrets sont au fond des entrailles.

Les lèvres du flatteur sont pleines de déguisement.

Il est le renard adulant le corbeau pour avoir son fromage.

Quand son idole est renversée, son premier soin, s'il ne s'enfuit, est de la fouler aux pieds.

L'INJUSTICE.

L'injustice viole le droit au nom du droit.

Les larmes de l'innocent, de la veuve et de l'orphelin, ne la touchent pas.

Elle obéit au fort, comme la nuée au vent.

La crainte, la cupidité et le désir de la vengeance dictent ses arrêts.

Par bonheur pour les bons, elle bâtit sur le sable.

LA HAINE, L'ANTIPATHIE, LA CALOMNIE, LA MÉDISANCE ET LA CRITIQUE.

La haine est le bourreau de l'âme.

Pourquoi haïr au lieu d'aimer?

Pourquoi donc méditer la perte du prochain, assis tranquille auprès de nous?

L'antipathie est le commencement de la haine.

La calomnie est l'arme du lâche.

Elle est l'assassinat ou le meurtre moral.

Elle fait de l'honneur ou de l'innocence, la honte ou le crime.

Elle tue par le faux témoignage.

Il n'y a rien de sacré pour la langue médisante.

Simple, en apparence, elle pénètre jusqu'aux entrailles.

Le mal qu'on dit d'autrui ne produit que du mal.

Il fait pourtant si bon parler en bien des autres !

La critique équitable dégage le bien du mal.

La critique malveillante cherche toujours à midi quatorze heures.

Prends le bon et laisse le mauvais de toute critique.

L'ENVIE.

L'envie attaque tout projet.

Elle déprécie tout mérite.

Elle se jette méchamment sur tout succès.

Elle ternit toute gloire.

Que de victimes elle a faites, et que d'entraves elle impose au progrès !

L'AMBITION, LA CUPIDITÉ, L'AVARICE ET L'ÉGOISME.

Tout moyen de s'élever est celui de l'ambitieux.

Il prépare et consomme les révolutions.

Arrivé au but qu'il s'était proposé, c'est un superbe.

Tombé, il est un lâche qui pleure.

L'homme cupide est troublé par le désir des choses matérielles.

L'avarice dit toujours : *apporte ! apporte !*

A qui et à quoi sera bon celui qui se refuse à soi-même le nécessaire ?

L'égoïste s'écrie : *tout pour moi, et après moi le déluge !*

Il ignore ce que c'est qu'un généreux élan.

L'ORGUEIL, LA VANITÉ ET LES TITRES NOBILIAIRES.

L'orgueilleux est un pauvre d'esprit qui oublie que ton sang vaut le sien.

On le reconnaît à sa langue et à sa pose audacieuses.

C'est un ballon qui ne doit sa rondeur qu'à l'air qui l'a gonflé.

Toute position est belle quand on l'élève par la vertu.

Le vaniteux court à tout ce qui permet de poser un moment.

Il pose même à l'église.

Pour briller au dehors, il se refuse, à la maison, le nécessaire.

L'illusion ne sort jamais de chez lui.

Le gramme de vanité gâte le kilogramme de mérite.

Les honneurs non mérités n'honorent pas.

L'usurpation d'un titre est le vol en petit et la sottise en grand.

Point d'échasses pour nous grandir !

La véritable noblesse est celle de l'âme et du talent.

LA PUISSANCE ET LA GLOIRE.

Toute puissance inique passe comme la poussière que le vent emporte.

Debout, le fort est encensé.

Tombé, il est foulé aux pieds ou lapidé.

Des chaînes, on va au trône, et de la puissance à la misère.

Devenu fort, n'oublie pas que tu fus faible.

Au faîte de la grandeur, ne rougis pas d'avoir reçu le jour dans une chaumière ou dans une cabane.

Use de la puissance pour faire des heureux.

Ne prie pas un puissant de te défendre contre un puissant.

En effet, les puissants sont des frères jaloux qui se soutiennent.

Aie mille fois raison contre le fort.

Que peut le pot de terre contre le pot de fer ?

Quoi que l'homme fasse, son néant paraît partout.

Son nom n'est rien, quelque part qu'il l'inscrive.
La gloire se flétrit comme l'herbe et la feuille.
Elle est le passage d'une ombre.
Un rien fait d'elle la honte, et de celle-ci la gloire.
Dieu seul est grand.

LA FAIBLESSE.

Ce qui est faible est convaincu d'être inutile.
Le faible médite toujours des choses vaines.
Il oublie que, par la grâce de Dieu, l'obstacle devient moyen.
Il ne sait pas que de grands biens peuvent succéder à de grandes misères.
Un rien le passionne ou l'abat.
Un rien l'engage à regarder la vie comme un fardeau trop lourd.
S'affecter volontiers est être faible.
Se montrer susceptible est l'être aussi.
Croire au mal plutôt qu'au bien est être sans caractère.
Le désespoir ne remet jamais debout celui qui est par terre.
Les têtes dures ne sont pas fortes.
Ne rien céder n'est pas être fort.
Se relâcher est déchoir.

LA LACHETÉ, LA CRAINTE ET LA PEUR.

Le lâche fuit, éperdu, devant le danger qu'il doit braver.
Dans les armées, il prend ses jambes sur son cou, et crie : *sauve qui peut !*
La crainte étouffe en nous les plus nobles sentiments.
Elle fait mentir ou rend muet le témoin d'un grand crime.
L'âme peureuse n'est capable d'aucune résolution.
Les maux engendrés par la lâcheté, la crainte et la peur, ne peuvent se compter.

LA PRUDENCE ET LE TACT.

La prudence n'exclut pas le courage, cet élan vigoureux de l'âme bien trempée.
Que dis-je ? sous le nom de *sang-froid*, elle sauve la valeur, dans les batailles.
L'homme éprouvé en beaucoup de choses, pense et agit prudemment.

La ruse du méchant n'est pas prudence.

En tout acte et en toute pensée, aie présent à l'esprit ton dernier jour.

A celui qui, après s'être purifié, se souille, que sert de s'être purifié ?

Ne crois pas que les biens matériels de cette vie préparent les biens spirituels de l'autre.

Fais comme l'oiseau qui fuit le piége.

Ne tombe pas en trop précipitant tes pas.

Ne va pas là où tu n'es pas prié d'aller.

Défie-toi d'un premier mouvement.

Ne découvre pas ta folie, en écoutant aux portes.

Ne crois pas à toute parole.

Ne dis que ce que tu veux qu'on sache.

Celui qui garde sa bouche, garde son âme et son bien.

Ne dispute pas avec l'homme puissant.

Crains de le servir dans de mauvais désirs.

Ne délibère pas avec les fous.

Quand l'insensé élève la voix, le sage sourit à peine.

Les paroles dites à propos sont comme des pommes d'or dans un vase d'argent.

La parole est d'argent, et le silence est d'or.

Le tact repose sur une grande connaissance des hommes.

Il est la mise en action du bon sens.

Où l'esprit et l'intimidation échouent, il réussit.

Crains sa contrefaçon, qui est la fourberie ou l'oubli calculé du devoir.

LA CONSTANCE, LA FERMETÉ ET L'HÉROISME.

La constance ne se lasse ni d'aimer ni de bien faire.

Dieu lui sourit et lui promet le ciel.

L'homme ferme ne plie ni ne rompt sous le malheur.

Il lui résiste comme le rocher à la tempête.

Sa force et sa vertu le transfigurent.

L'héroïsme est le sublime du courage.

Il est l'esprit de sacrifice porté à sa plus haute puissance.

LA JUSTICE, LA PROBITÉ ET LES ENGAGEMENTS.

La justice aplanit la voie à l'innocence.

Elle est la virginité du juge

Qui l'aime suit des voies droites.

La mémoire de qui l'a pratiquée est un parfum qui s'exhale dans les temps.

Le poids juste est l'ouvrage de Dieu.

Sois plutôt pauvre et tourmenté, que de cesser d'être homme de bien.

La probité conserve et rend le dépôt qu'on lui a confié.

La bonne foi se souvient de tout engagement.

Elle convient de tout tort.

LA SINCÉRITÉ ET LA FRANCHISE.

Les paroles sincères valent des perles.

Donne, pour sentinelles à ta franchise, la prudence et la réserve.

Toutes les vérités ne sont pas bonnes à dire.

LA VÉRITÉ ET LE BEAU.

La vérité est la lumière et le beau.

Elle n'habite que les cœurs purs.

Ouvre-lui : elle t'apporte la vertu et le bien-être.

Le beau est la splendeur du vrai.

Il est aussi la forme visible du bien.

Séparée de la pureté, qu'est la beauté ?

Elle ressemble au beau fruit que ronge un ver.

Comme la beauté, les grâces du corps ne durent qu'un instant.

Celles de l'esprit ne se perdent pas.

L'AMOUR.

Tout amour doit être réglé par la sagesse.

Un rien fait naître, un rien éteint le fol amour.

Aie l'amour de l'utile et du beau, de Dieu et du prochain.

Notre premier besoin est d'apprendre à aimer.

Le point central d'où rayonne la vie est le cœur.

LA MODESTIE ET LA SIMPLICITÉ.

Être modeste est presque ignorer ce qu'on vaut.

C'est peu s'attribuer.

La modestie a un charme naturel auquel rien ne résiste.

Elle est une qualité si belle, qu'on dit d'une fleur au doux parfum, la violette, qu'elle est modeste.

Elle ne va jamais sans la simplicité.

Or la simplicité plaît souvent plus que la beauté.

Être simple est être naturel.
Le bonheur est facile à la simplicité.

LA PURETÉ, L'INNOCENCE, LA VIRGINITÉ, LA DÉCENCE ET LA CANDEUR.

La pureté a une grâce surpassant toute grâce.
La femme pure est aussi ferme sur ses pieds qu'une colonne d'or sur une base d'argent.
Qui peut dire : *mon cœur est pur*.
Le Seigneur et les hommes font leurs délices de l'innocence.
La virginité est la pureté du corps et de l'âme.
La décence est l'abstention de toute atteinte à la pudeur.
La candeur est un indice d'innocence.
Elle est si charmante que la coquette, pour mieux tromper, veut paraître ingénue.

LA VERTU ET LA SAGESSE.

La vertu est la richesse morale.
Elle est, dans l'âme, une eau de senteur.
Son commencement est l'amour de la règle.
Sa source est le verbe du Seigneur.
La plus grande volupté est le fruit de la plus haute sagesse.
La sagesse est une émanation de la vertu de Dieu.
Celui-là seul qui la cultive possède la fortune véritable.
A cause de sa pureté, elle est plus prompte qu'aucun mouvement.
Elle dit aux passions qui obéissent : *retirez-vous !*
Ses paroles sont de doux aiguillons.
Baisse ton épaule et charges-y ce précieux trésor.
Tolère ce que Dieu tolère.
Fais ce qu'il nous commande.
Humilions-nous devant sa toute-puissance.
Espérons en sa bonté qui est sans bornes.

LE DÉVOUEMENT, LA BONTÉ ET LA DOUCEUR.

Le dévouement est la manifestation la plus haute de la charité.
Il abandonne avec joie ses richesses.

Il s'accuse, par un pieux mensonge, du crime dont il n'est pas coupable.

Il s'offre en sacrifice.

Il panse la plaie hideuse.

La grâce abonde sur les lèvres des bons.

Frappant tout doucement le cœur, la bonté fait jaillir le sentiment.

Par ses conseils, elle dispose ta voie, et te procure la paix.

Pourtant trop de bonté devient faiblesse.

Une parole douce abat une grande colère.

La force se laisse dompter par la douceur.

Que d'âmes elle peut ramener dans la voie du salut !

LA RÉSIGNATION, LA PATIENCE ET LA MODÉRATION.

La résignation est la force du juste.

L'homme résigné dit : *la volonté de Dieu soit faite !*

Il considère la misère plus grande qui le coudoie.

Il supporte les délais les plus longs et les plus douloureux.

La patience attend tranquillement le jour marqué.

La modération triomphe noblement.

Elle ignore ce que c'est que la part du lion.

Elle est la vertu des grandes âmes.

Goûte modérément même du plaisir honnête.

LA PIÉTÉ ET LA PRIÈRE.

La douce crainte du Seigneur est la consommation de la sagesse.

Dis toujours : *je crains Dieu et suis sans autre crainte.*

Etre pieux est bien garder son âme.

La parole pieuse est un argent épuré.

Jamais le juste n'espère en vain.

Dans sa force il triomphe de tout mauvais désir.

Tout l'homme est dans l'amour de Dieu et de ses semblables.

La prière est un élan réfléchi et senti de l'âme vers le Seigneur.

Elle fortifie et même attire la foi.

L'espérance qu'elle exprime n'est pas une poussière que le vent emporte.

Jamais elle ne demande à Dieu des choses vaines.

Elle sort, en peu de paroles, de la bouche du juste.

LES DONS.

Ne donne pas pour qu'on te donne.
Le don veut être bien placé.
Celui qui le regrette déplaît à Dieu.
Il élargit souvent les mauvaises voies.
Il remplit d'iniquité la bouche du juge.
Il amène les méchants à violer le droit.

LA BIENFAISANCE ET L'AUMÔNE.

Quand tu jettes une pierre dans un fleuve, une multitude de cercles se forment à la surface de l'eau : voilà la bonne action.

Le bienfaiteur du jour sera l'obligé du lendemain.

On est le seigneur de celui qu'on oblige.

Compte tes jours et tes heures par des bienfaits.

Donner aux pauvres est faire un prêt à Dieu.

Celui qui ferme l'oreille au cri de l'affamé, criera lui-même en vain.

Pourquoi ne donner qu'un centime, quand l'aumône d'un franc serait facile ?

Publier son aumône est donner pour paraître.

Dieu veut que la main gauche ignore le don de la main droite.

LA CHARITÉ.

La charité est la vertu.

Elle est l'échelle d'or de quiconque désire aller au ciel.

Elle console celui qui souffre sous la main du superbe.

Elle rachète les esclaves et voit en eux des frères.

Elle marche avec ceux qui sont dans le deuil.

Elle tait la faute qu'elle voit commettre.

Elle se venge en s'abstenant de se venger.

A ses yeux, rendre au méchant selon son œuvre est frapper sur soi-même.

Pour elle, la minute de bonne inspiration vaut le siècle.

Grave-la sur la table de ton cœur.

LE PROGRÈS.

Le progrès est la plus grande augmentation possible du bien-être religieux, moral et matériel.

Fais peu de cas de ceux qui le demandent, les bras croisés, la pipe à la bouche, le verre en main, entre deux parties de cartes, ou après une lecture frivole.

Incline-toi avec respect devant celui qui le cherche dans une usine, dans un champ, ou dans un cabinet d'étude.

Chacun l'entend à sa manière.

La pire manière de l'entendre est de se contenter de le porter aux nues, dans un discours public.

Les prôneurs qu'il a le plus à craindre sont ceux qui prennent bruyamment sa cause en main, pour l'étouffer en l'embrassant.

Si tous ceux qui se disent ses partisans étaient sincères, la routine deviendrait presque aussitôt, de règle à peu près générale, une exception sans importance.

Par malheur, l'état des choses subsistera tant qu'à son char on verra deux attelages tirant, en deux sens opposés, l'un par devant et l'autre par derrière.

Et cependant le progrès est l'envoyé du Dieu dont la bonté nous a fait dire par Jésus-Christ de mieux valoir.

Or comment vaut-on mieux qu'en se perfectionnant en toutes choses spirituelles et matérielles ?

LES DEVOIRS DE SOCIÉTÉ.

Après les grands devoirs, les petits devoirs qui ont aussi une importance extrême.

En effet, nous avons à compter avec les règles de la civilité et de l'usage auxquelles il y a cent manières de contrevenir.

Ainsi, ignorant que l'observation des exigences de l'usage fait la moitié de l'homme qu'on voit pour la première fois, on choisit le matin pour visiter les dames.

On néglige de se faire annoncer.

La tenue sale étant un manque de dignité, on entre sans gants, en casquette, mal vêtu, la barbe inculte, les mains sales, en souliers crottés, ou en état d'ivresse.

On se présente avec une cravache, un bâton, un fouet, un parapluie, un chien, des bottes éperonnées ou la tête couverte.

On ne salue que la personne qui reçoit.

On néglige d'aller d'abord à elle.

On salue gauchement.

Le maintien n'est pas convenable.

On se nettoie les dents, les oreilles, la tête ou les ongles.

On se livre à des incongruités.

On crache ailleurs que dans son mouchoir.

On fume, on siffle, on éternue de toute sa force, ou l'on se mouche bruyamment.

On crie, on jure, on frappe du pied, on s'impatiente ou l'on se prend de querelle.

On est sale en propos.

On a des gestes inconvenants.

On baille devant son interlocuteur.

On l'interrompt ou on ne l'écoute pas.

On froisse autrui dans ses affections ou ses opinions.

On le blesse dans ses croyances ou dans son amour-propre.

On se refuse à reconnaître un tort ou une erreur.

On répond mal aux attentions dont on se trouve l'objet.

On reçoit sans remercier.

On est sans respect pour la personne âgée.

On se permet d'odieuses allusions.

On questionne avec indiscrétion.

On lit ce qu'on voit lire ou écrire.

On contredit pour le méchant ou stupide plaisir de contredire.

On donne un démenti.

On dédaigne avec affectation d'adresser la parole ou de répondre.

On parle avant son tour ou sans cesse.

On n'entretient les autres que de soi ou de sujets pénibles.

On ravive ou aggrave, en la rappelant, soit une vive et profonde douleur, soit une honte qui doit être cachée.

Au jeu, on se montre défiant, cupide ou colère.

On s'entretient à voix basse devant les autres.

On prend pour une injure une plaisanterie.

On plaisante avec impertinence.

On est jaloux des prévenances dont quelqu'un est l'objet.

Deux personnes ayant droit aux mêmes égards, on en a que pour une.

On manque de complaisance.

On se fait prier avec excès de se rendre au vœu de tous.

On refuse l'offre qui doit être acceptée.

On insiste pour faire accepter ce dont évidemment on ne veut pas.

On ne se retire pas dès l'approche du repas dont on ne doit pas être.

Invité, on se fait longtemps attendre.

Ayant promis de venir, on ne vient ni ne s'excuse.

A peine arrivé, on se retire.

Dans une réunion, on prend la première place.

A table chez autrui, on se sert le premier.

On découpe à l'aide de sa fourchette.

On lèche son couteau.

On fait des boulettes de pain.

On se jette sur tous les mets.

On mange salement.

On s'enivre.

Amphytrion, on rend mal à son monde ce qu'on en a reçu.

On ne rend ni le repas, ni la visite qui est à rendre.

Reçu dans une maison, on devient importun, à force d'y rester ou d'y aller.

On épie, on critique ou rapporte ce qui s'y fait ou s'y dit.

Maître de maison, on reçoit froidement le visiteur.

On le laisse debout au lieu de lui offrir un siége.

Quand il sort, on reste assis.

On manque au devoir de visiter celui chez lequel on a été fêté.

On ne va ni féliciter, ni consoler la connaissance à laquelle quelque chose d'heureux ou de malheureux est arrivé.

On ne fait pas demander des nouvelles du malade avec lequel on a des relations.

On ne fait présenter ni ses compliments, ni ses devoirs à une connaissance ou à un supérieur.

On quitte le pays sans faire d'adieux.

On y revient sans faire de visites.

Ayant promis à une connaissance ou à un protecteur de lui écrire, on n'écrit pas.

Dans la rue, on passe sans saluer celui auquel un salut est dû.

Jeune homme, on attend le salut de l'homme âgé.

Pour ne pas saluer, on détourne la tête, prend un autre chemin, ou revient sur ses pas.

On se moque du passant inoffensif.

Voyageur, on est, dans la voiture, sans égard pour les autres.

Père, on laisse l'enfant mal élevé se rendre, de toutes façons, insupportable.

DEVOIRS DE SOCIÉTÉ,

D'après La Bruyère.

Un caractère bien fade est de n'en avoir aucun.

Plus on est importun, plus on est sot.

Un bon plaisant est une pièce rare.

Il est peu ordinaire à celui qui fait rire de se faire estimer.

Le bel esprit cherche une périphrase pour dire qu'il fait chaud.

Est-ce si grand mal d'être compris de tous, et de parler comme tout le monde ?

Une chose, l'esprit manque au diseur qui s'admire ou veut être admiré.

On aime mieux se perdre en parlant que se sauver en se taisant.

De crainte de paraître ignorer quelque chose, on recourt au mensonge.

Etre infatué de soi est un accident qui n'arrivera qu'à l'orgueilleux.

L'homme sans usage n'est pas encore assis qu'il a désobligé chacun.

On a de l'esprit quand on en fait trouver aux autres.

Te quitter content de soi-même est être satisfait de toi.

Le plaisir le plus délicat est de faire celui d'autrui.

Ne parle ni de festin devant un affamé, ni de richesse devant un pauvre, ni de santé devant un malade.

Avec de la vertu et de la capacité, on peut se rendre insupportable.

Des manières négligées et de petites choses peuvent te faire un grand tort.

La politesse donne au moins l'apparence de la bonté et du mérite.

La louange immodérée est mal reçue de l'homme de sens.

Il y a certains mérites qui ne sont pas faits pour aller ensemble, et certaines vertus qui sont incompatibles.

Faire deux parts de la terre et les donner à deux individus serait les exposer à entrer en procès sur les limites.

Il est plus court de cadrer à autrui que d'exiger des autres qu'ils s'ajustent à nous.

Il n'y a qu'avec les gens d'esprit qu'on puisse plaisanter impunément.

Tout ce qui est mérite se discerne et se sent réciproquement.

La moquerie est souvent indigence ou méchanceté d'esprit.

C'est la profonde ignorance qui inspire le ton dogmatique.

Le premier besoin des grandes choses est d'être dites simplement.

Il y a peu de conjonctures où il ne faille tout cacher ou tout dire.

Il y a des gens qui, se disant discrets, sont diaphanes.

Ils parlent et agissent de telle manière qu'on voit le secret dans le tour qu'ils emploient pour le trahir.

Toute révélation d'un secret est la faute de celui qui l'a confié.

Chez l'orgueilleux, on n'aperçoit de grand que l'opinion qu'il a de lui-même.

Tout ce qui est mérite se discerne et se sent réciproquement.

La moquerie est souvent indigence ou méchanceté d'esprit.

C'est la profonde ignorance qui inspire le ton dogmatique.

Le premier besoin des grandes choses est d'être dites simplement.

Il y a peu de conjonctures où il ne faille tout cacher ou tout dire.

Il y a des gens qui, se disant discrets, sont diaphanes.

Ils parlent et agissent de telle manière qu'on voit le secret dans le tour qu'ils emploient pour le trahir.

Toute révélation d'un secret est la faute de celui qui l'a confié.

Chez l'orgueilleux, on n'aperçoit de grand que l'opinion qu'il a de lui-même.

DEUXIÈME PARTIE.

L'Economie agricole

L'ÉCONOMIE.

L'économie est, en matière agricole, la science de la législation, des systèmes d'exploitation, de la partie d'ordre et de l'hygiène.

Elle exige de celui qui ne veut rien en ignorer, des études théoriques approfondies, un grand esprit d'observation, et de sérieux travaux d'application.

Mon but devant simplement être de te préparer, en t'en donnant une idée, à la lecture refléchie des gros livres traitant de la matière, j'en poserai sommairement les principales règles.

LA LÉGISLATION.

Les biens situés à la campagne sont acquis, possédés et transmis conformément aux lois civiles générales.

Ils sont, en outre, protégés par des lois particulières.

Connaître ces lois est pouvoir se garantir des piéges tendus par la mauvaise foi, et repousser ou venger les atteintes portées à la propriété.

La loi rurale embrasse dans tous leurs détails, les généralités suivantes développées avec une grande clarté par la *Maison rustique*.

La propriété rurale.

La distinction des biens.

Les eaux.

Les droits dérivant de la propriété.

Les diverses modifications de la propriété et les entraves apportées à l'exercice du droit.

La jouissance des propriétés rurales.

Les aides et serviteurs ruraux.
Les réparations civiles.
Les biens des communes.
La compétence administrative.
La compétence et les attributions civiles.
La police rurale et la compétence pénale.
La procédure spéciale.
Les contraventions générales de police.
Les contraventions, les délits et les crimes spéciaux.

L'ADMINISTRATION RURALE.

Abandonnée pendant longtemps à l'empire des circonstances, et soumise à une routine empyrique, l'agriculture française commence seulement à suivre une marche plus rationnelle et plus en harmonie avec les progrès des sciences et de la civilisation.

Mais en améliorant ainsi les méthodes de culture, et en portant la lumière dans les diverses branches de l'industrie agricole, on a remarqué que le perfectionnement des méthodes et les applications les plus heureuses des faits découverts dans les sciences naturelles, ne sont pas les seuls éléments d'un progrès certain.

On s'est également aperçu qu'il est nécessaire de recueillir tous les faits généraux d'expérience qui se présentent dans la pratique, de les coordonner, d'en déterminer les rapports, les limites et les conséquences, et d'en former un corps de doctrine .

Mené à bonne fin, le travail entrepris a éclairé la marche de l'agriculteur qui débute dans la carrière.

Il a servi de flambeau à celui qui a vieilli dans l'exercice de son art.

Il a donné aux opérations de l'un et de l'autre une certitude de succès et une régularité qui, jusqu'alors ne s'étaient pas présentées, et l'économie politique, prise pour modèle, a eu une sœur : l'économie agricole.

Cela connu, nous pouvons dire que l'administration rurale fondée sur les meilleurs principes est la seule base solide d'une bonne agriculture.

En effet, elle prévient les déceptions et la ruine.

Ensuite, elle assure le succès.

Avant d'aller plus loin, sache, et n'oublie pas ceci.

La production agricole est un problème immense.

Ainsi, sans une judicieuse division du travail n'espère rien.

Sans le nerf de l'exploitation, le capital, n'espère rien non plus.

Ce qui est vrai pour un pays, ne l'est pas pour un autre.

Ce qui paraît bon pour un canton, peut être préjudiciable pour un canton voisin.

Ce qu'on pourrait entreprendre avec profit dans une ferme, serait désastreux ailleurs.

Ce qui a été avantageux dans un temps, peut avoir cessé de l'être.

Mesure l'étendue du domaine à exploiter, aux facultés de ton esprit et à la force de ta santé.

Après Dieu et ta famille, ne vois rien de meilleur et de plus beau que le travail, la vigilance et l'ordre.

L'INSTRUCTION AGRICOLE.

Instruis-toi dans ton art, le plus important et le plus difficile des arts mécaniques.

Apprends un peu de physique, de chimie, de botanique, de mécanique usuelle, d'art vétérinaire et de dessin.

Lis des traités d'agriculture.

Vise à autant de théorie que de pratique.

Prie de bonne heure ton père de te laisser aller t'instruire dans une ferme plus importante et mieux conduite que la sienne.

Tâche d'entrer dans une ferme-modèle.

Sois du comice.

Assiste aux concours.

Fréquente les halles.

Habitue-toi, sur le champ de foire, à bien apprécier, acheter et vendre les animaux.

Fais des excursions agronomiques.

Etudie la terre.

Observe l'effet des cultures qu'elle a reçues.

Connais les besoins de chaque plante et les vertus de tout engrais ou amendement.

Sache comment procéder à tout travail.

Raisonne tes opérations.

Calcule les résultats économiques.

Profite de l'expérience, et prends-la pour boussole.

Ne quitte une méthode que pour en suivre une meilleure.

Procède par essais.

Examine les travaux, et recherche l'amitié du voisin qui en sait plus, et qui fait mieux que toi.

Connais tes animaux.

N'ignore rien de ce qu'il faut à chacun d'eux.

LES DISPOSITIONS PERSONNELLES DE L'AGRICULTEUR.

Veux-tu bien conduire tes spéculations agricoles qui, intelligentes, t'offrent un élément de fortune aussi fécond que celles qui ont pour objet les superfluités du luxe ?

Je te le demande parce que, en France, nous nous attachons trop aux opérations bonnes ou mauvaises qui présentent une chance de réalisation immédiate.

Hé bien ! connais les hommes.

Sache les prendre.

A leur égard, ne manque pas à l'équité.

Point de préventions !

Rends-toi quand tu as tort.

Mérite les sympathies et l'estime de tous.

Sois d'une probité sévère.

A d'excellentes mœurs joins une tempérance extrême.

Aie la patience et la prudence.

Ne te décourage pas facilement.

Sois à tout, et mets la main à tout.

Non-seulement examine, mais encore compare.

Vois bien avant de juger.

Saisis le moment.

Economise sans lésiner.

Montre l'esprit des affaires.

Embrasses-en l'ensemble.

Subordonne les travaux les uns aux autres, dans leur ordre relatif.

Distingue les causes des résultats.

N'entreprends rien qui excède tes forces.

Ne demande au hasard aucun succès.

Sur un domaine de moyenne étendue, sois homme de tête et de talent.

Sur un très-grand domaine, sois un homme de génie.

Enfin, fais bien, si tu veux faire autrement que les autres, et surtout, fais beaucoup avec peu.

LE CAPITAL FONCIER.

Le capital foncier paie le prix d'acquisition du domaine et les travaux à y exécuter avant de l'exploiter.

C'est une erreur bien funeste que d'employer son capital foncier à l'acquisition d'un domaine qui, négligé, doit coûter cher à transformer.

Au contraire, bien prudent est celui qui, à cet endroit, profite des folies des autres.

Un domaine est souvent comme toute autre exploitation.

Le premier propriétaire s'y étant ruiné, celui qui lui succède s'enrichit.

LE CAPITAL D'EXPLOITATION.

Quand on entre par bail, ou comme propriétaire, en jouissance d'un domaine, le capital d'exploitation est destiné à l'achat des bêtes de travail et de rente, des aliments indispensables aux animaux, des engrais, des engins agricoles, des semences et du mobilier.

Il sert à payer les frais d'assurance des bâtiments, du mobilier, des animaux et des récoltes.

Il solde les contributions, le loyer, les frais de main-d'œuvre et les petites dépenses prévues ou non.

Il met à même de vaquer à des améliorations foncières.

Il est une poire pour la soif.

Enfin il est une force motrice dont tu ne peux te passer.

Crée-toi donc un capital qui te permette d'ajouter au savoir et au vouloir, le pouvoir, troisième pivot sans lequel les deux autres ne sont rien.

Les combinaisons agricoles les plus parfaites sont celles qui permettent de tirer la rente la plus élevée des capitaux engagés dans l'exploitation.

Pauvres paysans, pauvre royaume.

Plus le trésor est gros, plus tu dois résister au désir de le dépenser.

En effet ce bon ange de l'exploitation te sauve de l'emprunt qui est la ruine du laboureur.

Il vient aussi bien à propos, à ton secours, dans tous les cas de tentatives insuffisantes, d'essais infructueux ou de malheurs inopinés.

Beaucoup de causes influent sur la quotité du capital d'exploitation.

Voici plusieurs de celles qui l'exigent élevé.

Le climat est défavorable à la végétation.

Le sol est mal situé, insalubre ou stérile.

Le maître qui t'a précédé l'a épuisé et l'a laissé se salir.

Il est aussi difficile à travailler qu'à aborder.

On ne peut, sans de grands efforts, l'empêcher d'être inondé ou de se raviner.

Il se trouve éloigné des lieux où sont des amendements ou des engrais minéraux.

Le fumier d'achat coûte cher.

Les déjections de ton bétail ne suffisent par pour le cas même où tu ne cultiverais pas de plantes industrielles.

L'eau destinée à abreuver les bêtes ou à irriguer la prairie a besoin d'être assainie, ou est peu abondante.

La main-d'œuvre est coûteuse.

La propriété est morcelée à l'excès.

On est en pays de jachère morte et de vaine pâture.

On a à lutter contre des habitudes profondément enracinées.

Les débouchés manquent.

Les attelages et les instruments ont à être trop forts.

Le nombre des champs excède celui des bras qu'on peut se procurer.

On cultive sur une grande échelle les plantes épuisantes telles que la garance, le tabac, etc.

On cultive beaucoup de racines qui exigent de nombreux travaux d'entretien.

On n'a encore pu avoir les deux tiers, la moitié ou au moins le tiers de ses terres en prés.

De grandes charges pèsent sur l'exploitation.

On entre en ferme à une époque défavorable.

Le prix de location est élevé.

Le bail étant de très-longue durée, on fait tout aussitôt d'importantes avances à la terre.

A des procédés compliqués et dispendieux on n'en peut substituer assez vite de simples et de peu coûteux.

On ne s'entend pas encore assez à acheter et à entretenir les bêtes.

Celles-ci contractent, dans les étables qu'on n'a pas eu le temps de rendre plus spacieuses et plus salubres, des maladies qui les déciment.

On n'est pas suffisamment habitué à saisir aux cheveux l'occasion de bien vendre animaux et produits.

On ignore une partie des soins qu'exigent la production de la laine, la laiterie, la fromagerie et les oiseaux de basse-cour.

Enfin, après s'être cru la science infuse, on a à payer cher l'excès de confiance en soi.

Cela su, tu vois combien il serait difficile au plus habile économiste de dire avec exactitude qu'il faut pour chaque hectare de tel domaine, tel capital d'exploitation.

Aussi, de peur de t'induire en erreur, me bornerai-je à t'avertir que plus tu vaudras, moins tu auras à dépenser pour aboutir.

Tableau d'évaluation du capital d'exploitation.

CAPITAL ENGAGÉ OU INVENTAIRE.

Bêtes de travail.
Bêtes de rente.
Bêtes de garde.
Mobilier comprenant le mobilier proprement dit, le harnachement, les ustensiles, les instruments, les machines, et tout ce qui préserve de l'incendie.

CAPITAL DE ROULEMENT.

Nourriture et entretien des bêtes jusqu'à la récolte.
Salaire des agents et ouvriers.
Dépense pour frais d'expertise, d'arpentage, de contrat, de pot-de-vin et d'indemnité au fermier sortant.
Achat de tubercules et de graines de semence.
Fermage pour un an ou deux, et impositions publiques.
Dépenses de ménage.
Entretien des objets immobiliers.
Entretien des objets mobiliers, comprenant : 1° l'entretien du service des bêtes de travail, à raison de 12 pour cent par an, 2° l'entretien des bêtes de rente, à raison de 5 pour cent de la valeur primitive, 3° l'entretien du mobilier proprement dit, à raison de 5 pour cent par an, 4° les frais d'assurance des récoltes rentrées et sur pied.
Améliorations foncières.
Dépenses imprévues et fonds de réserve.
Intérêt des capitaux engagés et de roulement à 5 pour cent.
Voir, pour plus de détails, la *Maison rustique,* ce clair et

savant résumé de ce qu'il y avait de bon dans les connaissances de nos aïeux, et des progrès accomplis par l'époque actuelle.

LE CAPITAL DE ROULEMENT.

Il ne suffit pas de conserver le capital de roulement, nerf et vie de l'exploitation.

Il faut l'accroître annuellement.

En effet, c'est sur lui que pèsent toutes les charges de l'exploitation.

C'est de lui que dépend l'avenir de celle-ci.

Le conserver et l'accroître doivent donc être tes tendances principales.

Distribue-le entre tous les services, d'une manière proportionnée à leurs besoins.

Eclaire-toi sur ces besoins, au moment de l'inventaire annuel qui les reflète comme une glace notre image.

Acheter à crédit du travail ou des objets matériels est consommer à l'avance son capital de circulation, sans être certain de ne pas dépasser les bornes à ne jamais franchir.

Ce qui n'est pas nécessaire coûte toujours trop cher.

Atteins avec le moins de dépense, un but donné.

Crains la dépense qui, quoique paraissant productive, excède tes ressources.

Suis et préserve les récoltes dans tous leurs mouvements.

Au moment de l'emmagasinage, détermines-en le volume et le poids.

Sur les registres de comptabilité, mentionne les prélèvements successifs opérés sur la masse.

En même temps tiens compte des diminutions de volume et de poids.

Assure tout contre l'incendie.

Même après avoir assuré, prends garde au feu.

Mets tout en quelque sorte sous clé.

Soigne la sortie des magasins et le transport au marché.

Ne vends qu'en moment opportun.

Veille sans cesse sur les graines de semence.

Gouverne avec intelligence le service des engrais.

Préviens-y les déchets.

Conserve-leur tous leurs principes fertilisants.

Ne laisse pas se perdre une goutte de purin ou d'urine.

Fume à propos et de la manière la plus judicieuse.

Quand un mur est tombé, relève-le.

N'attends pas, pour tout faire, que tout ne vaille plus rien.

Enfin, en tout ce qui concerne la caisse, mets un ordre parfait dans les entrées et les sorties.

Cela su, trouves-tu qu'un laboureur puisse, sans grand péril, aller jouer, à la bourse, même une faible partie de son capital de roulement?

LE DOMAINE, LA FERME ET LA MÉTAIRIE.

Le domaine est l'exploitation où tout t'appartient, que tu diriges toi-même, ou que tu confies à un administrateur, à un fermier ou à un métayer.

La ferme est l'exploitation que tu vends ou achètes le droit de diriger pendant plusieurs années à tous risques et périls.

La métairie est le domaine garni par le propriétaire de tout le matériel vivant ou mort qui est nécessaire à l'exploitation confiée à un colon auquel il avance les capitaux jugés indispensables, et avec lequel il partage les fruits.

LE PROPRIÉTAIRE.

Dans le but de contribuer, par son exemple, à arrêter l'émigration rurale, que le propriétaire oisif ne cultive-t-il le domaine qui lui rapporte à peine 3 0/0!

Il doublerait la valeur et le revenu de la terre que son fermier épuise, sans compter qu'il ferait de ses facultés et de son temps, un digne et salutaire usage.

LE FERMIER.

Le fermier présente, dans son mobilier rural, un gage de la dette contractée, pour chaque année, par la location.

La redevance fixe qu'il acquitte est préférable aux embarras d'un partage de grains, bestiaux, etc.

Il est toujours intéressé à perfectionner bétail et instruments.

Se mouvant à son aise, dans l'ordonnance de ses travaux et de ses cultures, il peut prétendre à tous les succès réservés aux pratiques intelligentes.

En effet, tout bénéfice en sus du fermage lui appartient.

Si la durée du bail a été longue, il rend au propriétaire un domaine transformé.

LE MÉTAYER.

Le métayer, ai-je dit, prend à bail, avec la terre, le matériel du faire valoir, quand, propriétaire du matériel, le fermier ne loue que la terre.

Dans le métayage, le partage des fruits se fait en nature, le propriétaire ayant à prélever une part proportionnelle à la totalité des produits.

Le métayer ne possède rien sur le domaine qu'il exploite.

Il fournit simplement le travail, c'est-à-dire, en apparence la moitié, et, en réalité, moins de la moitié de ce qu'il faut.

Rien donc ne garantit le paiement de sa dette.

Aussi le propriétaire a-t-il à prélever, en nature, sa part de profit, sur les produits du sol et du bétail.

D'ordinaire, cette part est de la moitié.

De la part du métayer, rien ne tend au progrès, puisque rien ne lui appartient.

Le contrat annuel qui le lie au domaine ne lui donne aucune certitude de jouir du fruit de ses améliorations.

En outre, la culture de la métairie devient misérable, quand, toujours absent, le propriétaire ne la surveille en aucune façon.

En effet, pour augmenter la masse à partager, le métayer cherche à forcer la production immédiate, aux dépens du sol et du bétail.

Mais, diras-tu, comment prévenir, au moins en partie, ces graves inconvénients?

Veille à l'entretien du sol et du mobilier rural.

Approprie l'importance du mobilier à celle de l'exploitation.

Exécute les travaux d'amélioration indispensables.

Soutiens le métayer par des secours opportuns.

Guide-le par de sages avis.

Rends-lui toute infidélité impossible.

Accorde-lui une portion plutôt large que faible.

Etends cette portion en raison de son zèle et de son intelligence.

Pressurer ou lésiner au lieu d'encourager ou d'aider, est un mauvais système.

Que dis-je c'est rendre le métayer indifférent ou hostile à tout progrès.

LE CRÉDIT.

Tu es sans capitaux pour acquérir une propriété qui semble te convenir, ou pour faire des avances à la production.

Dans ce cas, tu empruntes, et tu t'exposes ainsi au risque de voir ton nouveau bien gâter les bonnes affaires que tu faisais.

En effet, le fumier et les bras ne suffisent plus.

Les récoltes en souffrent.

Pour payer, tu te nourris moins bien.

Craignant de ne pouvoir te libérer, tu ne peux plus dormir.

Tu dépéris sous les privations et les soucis.

Enfin le découragement vient s'ajouter à la perte de la santé pour consommer ta ruine.

Dans les industries manufacturières, répondras-tu, les effets du crédit sont admirables.

Ils le sont, il est vrai, mais, en agriculture, il en est bien rarement ainsi.

Les bénéfices à attendre sont bornés.

Les risques de déceptions sont innombrables.

Les détenteurs d'argent imposent de lourdes conditions.

Notre régime hypothécaire n'a pas atteint, en la matière, un degré suffisant de perfection.

N'ayant, d'ordinaire, besoin de capitaux que pour quelques mois, tu empruntes pour un an au moins.

Obligé à un petit nombre de gros paiements, tu dois accumuler petit à petit les masses de numéraire à rembourser.

Puis, en attendant le jour où tu dois satisfaire à tes engagements, ces masses ne produisent pas d'intérêt.

Le progrès, je le sais, s'est un peu fait à cet endroit.

Mais il date d'hier, et l'emprunt mène si loin, que je n'ose t'indiquer même les institutions de crédit qui t'offrent le plus d'avantages.

D'ailleurs, tu les connais, et ainsi touché des dangers de l'ambition parcellaire, tu ne t'adresseras à elles qu'avec la certitude de n'avoir rien à craindre.

LA RECHERCHE ET LE CHOIX D'UN DOMAINE RURAL.

Dans la recherche et le choix d'un domaine rural, considère des choses bien importantes qui sont :

L'état physique et naturel du pays.

Son état politique et administratif.

Son état économique.

Son état industriel.

L'état physique et naturel du fonds.

Les valeurs capitales répandues et placées sur le fonds.

L'état actuel du domaine, sous le rapport de la manière dont il est exploité.

Le prix d'acquisition ou la rente du domaine.

Pour le développement de ces généralités, voir la *Maison rustique.*

L'ESTIMATION DES DOMAINES RURAUX.

L'estimation des domaines ruraux forme à elle seule une science qui exige des connaissances si variées, et une expérience si consommée, que la *Maison rustique* emploie de nombreuses pages à en traiter sommairement.

L'OCCUPATION DES DOMAINES RURAUX.

Nous avons vu qu'un domaine rural est occupé par un propriétaire, un fermier ou un métayer.

Hé bien, il l'est aussi par un usufruitier, par un régisseur ou par une association.

En général, l'usufruitier ne vaut pas le fermier, en ce que, certain de ne pas laisser le domaine à ses enfants, et peu porté à bien mériter de ceux qui l'auront en héritage, il le néglige à presque tous égards.

Si, en France, les écoles d'agriculture étaient nombreuses, les élèves pourvus, comme aspirants régisseurs, d'un brevet de capacité, ne seraient pas rares, et le progrès de la culture raisonnée serait rapide.

En effet, sous un habile régisseur, une exploitation va aussi bien, si ce n'est mieux, que sous un excellent maître.

Dans l'association à deux à laquelle ils se décident, il importe au propriétaire et au régisseur de s'engager l'un envers l'autre, par un contrat équitable et prévoyant, et de rendre la durée de la régie égale à celle de la rotation.

Sans garanties réciproques, l'accord entre les deux contractants ne subsisterait pas longtemps.

Un bon régisseur apprécie bien la qualité des terres.

Il connaît les moyens de les améliorer.

Il sait combiner le système de culture le plus convenable à la localité et aux ressources de la ferme.

Il établit facilement la valeur des produits, les recettes et les dépenses.

S'il n'est pas encore agronome, il a tout ce qu'il faut pour bientôt le devenir.

L'association agricole bien organisée produit, comme je l'ai dit, dans la première prédication, de merveilleux effets.

Elle est surtout utile et rémunératrice dans les pays où la division des terres est excessive, et où le manque de capitaux s'oppose à l'introduction des instruments perfectionnés.

L'ACQUISITION ET LA LOCATION DES DOMAINES RURAUX.

Avant d'acquérir un domaine, connais ou fais-toi expliquer la législation en la matière, car bien des acquéreurs trouvent la ruine dans leur ignorance ou dans leur manque de précautions à cet endroit.

J'en ai au moins autant à dire de la location du domaine rural.

En effet, l'avenir de la ferme est, pour le fermier comme pour le propriétaire, presque tout entier dans les clauses du bail.

Aussi, dans l'un et l'autre cas, ne peux-tu trop consulter la *Maison rustique,* encyclopédie indispensable à l'homme des champs qui, sachant lire, écrire et calculer, est désireux de marcher dans la voie du progrès.

LE BAIL A FERME.

Le bail à ferme s'appelle *le louage de l'héritage rural.*

Le bail par écrit, sous seing-privé est fait en autant d'originaux qu'il y a de parties contractantes.

Le plus sûr est de le faire dresser par un notaire.

Il stipule ;

Les droits et obligations du bailleur.

Les droits et obligations du preneur.

Les droits et obligations du colon partiaire ou métayer.

Les charges à supporter par l'une ou l'autre partie.

Le bail verbal est ainsi fait pour tout le temps nécessaire pour que le preneur recueille tous les fruits de la propriété affermée.

Il varie suivant les usages locaux, et est d'ailleurs soumis aux dispositions des lois.

Le bail de tacite réconduction est la continuation de la jouissance d'une ferme, quand, à l'expiration du bail, le fermier est laissé en possession, et continue de jouir, avec le consentement du propriétaire, aux conditions énoncées dans le contrat.

La durée de cette espèce de bail comprend le temps qu'il faut au fermier pour récolter tous les fruits de la propriété.

Si le bail non écrit offre des avantages, il a tous les inconvénients des baux à courte échéance.

Propriétaire, exige beaucoup de qualités de ton fermier.

Demande, s'il le faut, la caution simple, la caution hypothécaire, et même l'hypothèque consentie par le preneur sur ses propres biens.

Songe à mettre à ta charge ou à celle du fermier les charges publiques et les assurances qui peuvent s'élever à une somme plus considérable que la vente nominale.

Songe aussi, qu'à moins de défaut, de la part du fermier, de réparations d'entretien, les grosses réparations sont à ta charge, et qu'il en est de même du curement des fosses d'aisance et des puits, s'il n'y a convention contraire.

Connais bien le fermier auquel tu te sens disposé à accorder la faculté de céder son bail ou de sous-louer.

Procède avec lui à un inventaire général et à la reconnaissance de l'état des lieux.

Considère que la durée de la jouissance doit au moins être égale à celle de la rotation.

Réserve-toi de spécifier la rotation à suivre au moins dans les dernières années.

Vise à n'omettre dans l'acte l'énonciation claire et distincte d'aucune obligation de l'une ou l'autre partie.

En te réservant, si tu le veux, de stipuler, pour de certaines époques, l'augmentation de la location, prends le sage parti d'accorder un long bail.

Les longs baux sont les meilleurs pour l'une et l'autre parties.

Ils stimulent le fermier et tranquillisent le bailleur.

Ils te font rendre une terre transformée à tous égards.

Les baux de courte durée ne valent pas mieux pour le preneur que pour toi.

Ils sont la ruine de la terre.

Le fermage en écus est le meilleur.

Le paiement en produits est préjudiciable aux intérêts du fermier.

La raison en est qu'il peut ne pas avoir assez de récoltes pour payer son canon, et qu'il varie et accroît avec moins de facilité ses produits.

Propriétaire provisoire, il ne peut trop avoir les coudées franches.

Un grand point est aussi de jouer avec lui, dans la rédaction du contrat, cartes sur table.

Le vol par finasserie n'est pas plus pardonnable que le vol ordinaire.

Ton fermier une fois à l'œuvre, conseille-le et encourage-le.

C'est un associé avec lequel tu as tout intérêt à vivre en bon accord.

Quand il aura amélioré ta ferme, tiens-lui compte de ses efforts.

Ne le fais pas pâtir de la moins-value qui n'est pas de son fait.

Enfin, n'oublie pas un instant qu'il est temps qu'en agriculture le propriétaire cesse d'être la pierre d'achoppement du progrès.

Et toi qui veux prendre un domaine à bail, fais-toi casseur de pierres, si tu te sens peu capable de devenir un bon fermier.

En outre, prends pour toi une grande partie des conseils adressés au propriétaire du fonds.

Examine par toi-même ou par un homme expérimenté, l'état de la ferme.

Vois les améliorations à y faire.

Dresse le plan d'un système de culture.

Faisant à ta terre des avances trop fortes, crains de la voir rester trop longtemps ta débitrice.

Pour assurer l'avenir, ne tire pas trop du présent.

Soigne tout en bon père de famille.

Ne trompe pas ton maître dans le partage de la récolte.

A l'expiration du bail, que l'inventaire et la reconnaissance de l'état des lieux lui prouvent qu'il perd en toi un honnête homme et un habile praticien !

LE BAIL A CHEPTEL.

Le bail à cheptel est un contrat par lequel l'une des parties donne à l'autre un fonds de bétail.

Les stipulations qui y sont permises ou interdites sont indiquées dans la *Maison rustique.*

L'acte peut être passé sous seing-privé, en autant de doubles qu'il y a de parties, ou par acte devant notaire.

Si, passé sous seing-privé, il n'a pas été enregistré, il ne peut être opposé aux tiers qui contestent la propriété du troupeau.

Le cheptel simple est un contrat qui oblige le preneur à garder, nourrir et soigner des bestiaux, à condition qu'il profitera de la moitié du croît, et supportera la moitié de la perte.

Le laitage, le fumier et le travail des animaux profitent à lui seul.

Le cheptel à moitié est une société dans laquelle chaque partie fournit la moitié des bestiaux qui demeurent communs.

Le bailleur n'a droit qu'à la moitié des laines et du croît.

Les laitages, les fumiers et le travail des animaux appartiennent au preneur.

Le cheptel donné par le propriétaire au fermier a lieu quand le propriétaire d'un héritage le donne tout garni de bestiaux, à son fermier, sous condition qu'à l'expiration du bail, celui-ci laissera des bestiaux d'une valeur égale au prix de l'estimation de ceux qu'il a reçus.

Le cheptel donné au colon partiaire est soumis aux mêmes conditions que le cheptel simple, sauf les modifications suivantes :

On peut stipuler que le colon délaissera au bailleur sa part de toisons, à un prix inférieur à la valeur ordinaire, que le bailleur aura une plus grande part du profit, et qu'il aura la moitié du laitage.

Cependant on ne peut stipuler que le colon sera tenu de toute perte.

Le contrat improprement appelé *cheptel*, a lieu quand des vaches sont données à quelqu'un qui se charge de les loger et nourrir, sous condition d'en avoir tous les profits, excepté les veaux qui appartiennent au bailleur, lequel conserve aussi la propriété des vaches.

LE BAIL AMPHYTÉOTIQUE.

Le bail amphytéotique est devenu très-rare.

Il est une convention par laquelle le propriétaire cède la jouissance d'un héritage, pour un temps fixe qui est ordinairement de 99 ans, ou même à perpétuité, à la charge d'une redevance annuelle que le bailleur se réserve sur cet héritage, pour marquer son domaine direct.

LE BAIL A DOMAINE CONGÉABLE.

Le bail à domaine congéable est un contrat par lequel celui à qui appartient la propriété complète d'un fonds, en sépare la superficie, pour la concéder au colon, sous la faculté perpétuelle de rachat.

Cette espèce de propriété est précaire et aussi contraire à la sécurité du propriétaire qu'à l'amélioration du sol.

LE BAIL A VIE.

Bien contraire au progrès agricole, le bail à vie est défini par son nom.

L'ORGANISATION DU DOMAINE.

Organiser un domaine est y établir un certain nombre de services destinés à concourir avec le fonds, à la production.

L'organisation exige beaucoup de connaissances théoriques, de tact et de pratique.

Elle est un point de départ indispensable.

Elle a pour but de faire le nécessaire, mais rien que le nécessaire.

Si une économie mal entendue y préside, on ne tire pas du fonds tous les fruits qu'il est capable de donner.

Si l'on va au-delà du but, on engage des capitaux qui deviennent improductifs, ou dont les intérêts grèvent inutilement la production.

Le territoire à exploiter est à peu près à l'état de nature ou dès longtemps cultivé.

Dans le premier cas, qui est le plus difficile, choisissons d'abord entre trois principaux systèmes d'exploitation qui sont :

1° L'exploitation principalement consacrée à la culture des végétaux.

2° L'exploitation principalement consacrée à l'éducation des animaux.

3° L'exploitation mixte dont le nom porte la définition.

Notre choix fait, passons au plan de culture, c'est-à-dire, à l'assolement dont il va sans dire que la rotation est inséparable.

Ce plan dressé, songeons à l'aménagement à suivre.

En d'autres termes, déterminons les moyens de procurer et de conserver au sol la qualité, la fécondité, la profondeur, l'ameublissement et la propreté dont il a besoin.

Voyons quelle doit être la manière d'amender, de fumer et de cultiver chaque sol.

Préparons nos moyens, nos instruments et nos agents d'exécution.

Occupons-nous du mode et de l'époque de tout travail.

L'ENTREPRENEUR.

Avant de te lancer dans la carrière, trace-toi un plan de conduite générale.

Une marche incertaine et vacillante te perdrait.

Le chapitre des événements est vaste; mais la prévoyance et l'habileté préviennent ou corrigent la mauvaise fortune.

Règle sévèrement tes goûts et tes penchants.

Par exemple, dis à peu près adieu à la chasse, à la pêche, au jeu, et en un mot aux joies qui ne nous rendent pas meilleurs.

Demande à la sobriété la force musculaire et la santé qui sont un véritable capital.

Développe, par d'utiles lectures et de bonnes fréquentations, tes qualités morales.

Le célibat causant en nous un vide difficile à remplir dignement, et t'exposant d'ailleurs aux tromperies de ton entourage, contracte une union bien assortie.

Vois, sans inquiétude, ta jeune famille s'accroître.

Tous ces enfants seront plus tard tes meilleurs aides.

Distribue bien les forces de ton esprit et de ton corps.

Travaille tant, que les minutes te semblent des secondes.

Vise à rendre tous tes valets capables de devenir un jour de bons maîtres.

Enfin, sois l'honneur et le bonheur de la maison.

LA COMPAGNE DE L'ENTREPRENEUR.

L'épouse parfaite est l'ornement de tout ce qui l'entoure.

Elle aide, encourage et remplit de bonheur son époux.

Que dis-je ? Elle le complète, car si c'est l'homme qui fournit le labeur le plus grand, c'est sa compagne qui conserve le plus.

Chez la femme, la beauté et la fortune doivent passer après les qualités de l'esprit, du cœur et de l'âme.

L'union intime et éclairée de deux époux est le plus sûr abri contre l'ennui et l'infortune.

Même, unie au plus digne des laboureurs, la femme est l'âme de la ferme.

Bonne, douce et prévoyante, elle s'assure un ascendant que n'obtiennent jamais les natures hargneuses.

L'homme qui l'a épousée, a voulu une amie, une confidente et une agréable compagne.

Elle le sait, et elle pense, parle et agit en conséquence.

Elle doit avoir reçu dans une honnête famille, une éducation si analogue et si sympathique à celle de son mari, qu'elle ne le prétende pas heureux de l'avoir obtenue.

Ses goûts et sa mise sont simples.

C'est dire qu'ils sont en harmonie avec sa position et la nature de ses travaux.

Le propos du village la trouve indifférente.

Mère, elle trouve son bonheur dans son devoir.

Elle allaite son enfant.

Lui ayant inspiré l'amour de Dieu, elle lui enseigne la sagesse.

Elle l'habitue doucement à l'étude et au travail.

Elle le suit, dans ses jeux et ses plaisirs, comme la poule ses petits.

Elle blanchit le linge, repasse, raccommode, tricote et file.

Elle reçoit, paie et achète les menues denrées du ménage.

Elle prépare les aliments.

Elle cultive le potager.

Elle entretient la basse-cour.

Les animaux sont beaux des soins qu'elle leur prodigue, et disent, par des caresses, tout ce qu'elle vaut.

Elle dirige les travaux de laiterie et de fromagerie.

Elle tire profit d'une multitude de produits de peu de valeur.

Elle distribue leur tâche aux servantes.

Elle leur commande avec le ton qui produit et fait aimer l'obéissance.

Elle veille à ce qu'elles se couchent de bonne heure, pour se lever matin.

Elle fait de la veillée un rendez-vous de gens qui rient en travaillant.

Elle est la première levée et la dernière couchée.

Sensée, elle est, pour tous, de bon conseil, et a des filles qui la vaudront.

Femme de tête, elle remplace, au besoin, son mari, dans la direction de l'exploitation.

Instruite, elle tient le livre de ferme.

Soigneuse, elle met tout à sa place.

Propre, elle fait tout reluire.

Econome, elle est un trésor.
Alerte, elle vaut de l'or.
Vigilante, elle est l'œil de la maison.
Enfin, chrétienne exemplaire, elle est la femme selon Dieu.

LA DIRECTION DU PERSONNEL.

Le serviteur parfait n'existant pas, choisis les aides qui approchent le plus de la perfection.

Considère en eux la force, la santé, l'énergie, l'activité, l'intelligence et les connaissances acquises.

Si tu tiens à les conserver, fais la part de l'imperfection humaine.

En d'autres termes, tolère en eux quelques défauts.

Cependant ne transige avec rien de honteux.

C'est te dire de ne fermer les yeux ni sur l'inconduite, ni sur l'infidélité.

Se défaire de celui qui a des vices est faire sentir son prix à celui qui n'en a pas.

Moraliser, est faire entrer dans l'âme des sentiments d'honneur.

Avoir de l'ordre est en donner aux autres.

Travailler est gourmander et même corriger la paresse.

Prouver sans cesse qu'on tient note de tout est rendre les gens probes.

Enfermer ce qui doit l'être est prévenir le vol.

Toutefois, rien ne blesse plus un homme honnête qu'une défiance injuste.

Sois d'abord ce que tu veux que soient tes serviteurs.

Sois, par exemple, capable de les former à la pratique intelligente de l'art.

Songe qu'ils sont des juges clairvoyants et sévères.

En tout, traite-les convenablement, et ne mets pas entre eux et toi trop de distance.

L'orgueil irrite autrui.

Ne lésine pas sur le gage.

Tel salaire, tel travail.

Pour plus d'effet, accorde comme récompense, l'augmentation de gage jugée indispensable.

Récompense au fur et à mesure, et en proportion des services.

A nul témoignage d'affection ou de satisfaction, ne donne le caractère d'une faveur personnelle.

Une sévère justice distributive avant tout!

Sois, dans le commandement, bienveillant sans faiblesse.

Possède-toi toujours.

L'homme colère est indigne de diriger autrui.

Irrité, ne semble pas l'être, et sois tout au plus grave ou sévère.

Que tout ordre soit clair, et n'admette nulle contradiction!

En même temps, examine toute observation même contraire à ta manière de voir.

On a vu des conseils de soldats rendre vainqueurs des généraux.

Entretiens donc tes valets sur les opérations à entreprendre.

Tout en leur inspirant de l'affection pour soi, on relève à ses propres yeux l'inférieur que l'on consulte.

S'imaginer être infaillible, est, au reste, une grande et dangereuse infirmité.

Ne te plains pas, près d'un inférieur, des fautes d'un autre subordonné.

N'adresse le reproche qu'à celui qui l'a encouru.

Que chaque individu n'ait à obéir qu'à un individu!

Que chacun sache à qui obéir ou commander!

Voilà pour l'unité du pouvoir.

L'unité dans la responsabilité n'est pas moins importante.

Quand des valets sont employés isolément au même travail, la responsabilité ne pèse plus sur personne.

Il en est autrement pour le cas où la responsabilité de l'exécution pèse sur un d'entre eux qui a reçu les ordres.

Ne laisse jamais dire de ton exploitation que chacun y commande.

La plupart des défauts reprochés aux serviteurs sont la conséquence de ce que les attributions de chacun n'ont pas été définies à l'avance.

L'harmonie ne règne que chez le cultivateur qui sait se rendre maître chez lui.

Ne pouvant être partout, celui-ci doit déléguer son autorité pour la conduite de chaque branche spéciale.

Toutefois, cette délégation a besoin de ne pas nuire à l'unité du pouvoir qui émane toujours de lui.

Ayant délégué son autorité, il évitera de l'exercer lui-même dans la limite des opérations pour lesquelles il s'en sera dessaisi.

Sans cesser de voir tout ou presque tout par lui-même, il

évitera de contrarier, par des ordres personnels, les ordres donnés par les chefs revêtus de son autorité.

Il emploiera toujours les mêmes individus aux mêmes genres d'opérations.

En effet, on exécute bien, avec plaisir et en peu de temps, ce qu'on est habitué à faire.

Tous les hommes n'étant pas propres à tous les genres de travaux, il s'attachera à distinguer les diverses aptitudes.

Il devra savoir, mais sans espionnage, ce qui se passe chez lui.

L'espionnage rend ennemis ceux qui le pratiquent et ceux qui en sont l'objet.

Il avilit le caractère et compromet la dignité du maître.

Les règles sont les mêmes pour le propiétaire qui veut confier à un seul agent, à un régisseur, par exemple, la direction de l'exploitation.

Mais ici, si le maître est étranger aux pratiques agricoles, il en peut résulter pour lui une position fausse dont les conséquences seront fâcheuses.

Aussi ce grave inconvénient implique-t-il pour lui le devoir de s'instruire promptement, dans le but d'approuver ou de rejeter, en connaissance de cause, les vues émises par le régisseur.

D'un autre côté, le succès de l'entreprise agricole dépend du concours intelligent et zélé de tous les enfants.

Pour les attacher à l'intérêt commun, le père et la mère, dès que la jeune famille est en état de rendre des services, se font ses précepteurs agricoles.

Ils la placent dans les conditions les plus convenables de satisfaction et de moralité.

Ils exercent à son égard, comme à celui des serviteurs, l'autorité avec une bonté ferme.

Ils lui font aimer l'art de dompter les bêtes par la douceur et par des soins multipliés.

Au besoin, ils l'envoient s'instruire dans les fermes de tenue exceptionnelle.

Au résumé, dans une bonne exploitation, tout doit sembler marcher de soi-même.

Tout doit aller comme va toute fabrication, sous l'impulsion d'un mécanisme dont toutes les parties sont entre elles parfaitement d'accord.

On succombe plus encore sous l'effet des désordres d'administration intérieure, que sous des opérations mal calculées ou contrariées par la fatalité.

En un mot, comme dans un état, l'autorité est l'âme qui imprime le mouvement aux parties et à l'ensemble de la machine.

LES MOYENS A EMPLOYER POUR FAIRE SORTIR LES SERVITEURS DE LA ROUTINE.

Un exemple suffira pour prouver qu'avec du tact et de la patience, on fait sortir assez facilement de la routine les serviteurs voulant le moins des procédés nouveaux qui promettent le plus d'excellents résultats.

Ainsi, le principal obstacle à l'introduction des instruments perfectionnés est dans la résistance passive des valets.

Eh bien! cet obstacle n'en est pas un pour le cultivateur qui, mettant la main à l'œuvre, conduit lui-même les instruments.

Son habileté rend ses élèves dociles.

Il en est autrement dans les exploitations où les travaux manuels sont exécutés par des agents à gage.

Là, pour peu qu'on laisse dire que l'innovation convient uniquement à une autre qualité de terre, on rencontre d'insurmontables difficultés.

Dans ce cas, appelle à ton aide le ressort auquel, chez l'homme, rien ne résiste, l'amour-propre.

A cet effet, prends le ton du doute.

Ce ton fera d'abord envisager l'expérience avec indifférence.

La précaution prise, dispose celui dont tu veux faire un moniteur, à se croire choisi pour cause d'adresse.

Fais-le opérer devant toi, hors la présence de tout témoin.

Au début des opérations, provoque son avis sur la manière d'ajuster ou de conduire l'instrument.

Ecoute avec intérêt, et, autant que possible, approuve ses observations.

Cette façon de procéder lui persuadera que, sans lui, tu n'aurais pas réussi.

Le résultat obtenu, la cause sera gagnée.

Fier du succès, il voudra, à chaque instant, administrer la preuve, et bientôt la manière de conduire l'engin avec facilité et avantage sera connue de tous.

Encore un exemple!

Quand tu veux adopter une charrue nouvelle, *allons*, te

dit-on, *dans tel champ, car si elle y fonctionne, elle ira bien partout.*

Ne suis pas ce conseil.

Si tu le suivais, on appliquerait l'essai à une terre difficile, et, à beaucoup d'égards, l'expérience ne serait pas satisfaisante.

Commence au contraire par le champ le plus facile, afin que, quand viendra le moment d'attaquer la terre la plus difficile, l'ouvrier manœuvre avec une habileté qui prévienne tout risque d'insuccès.

Il y a cent côtés par où un homme peut être plus ou moins pris : choisis le meilleur.

LA MANIÈRE DE TROUVER ET DE MORALISER LES AIDES PERMANENTS.

L'entrepreneur agricole trouvera toujours sous sa main les aides permanents qui lui sont nécessaires.

S'il n'en rencontre pas d'assez expérimentés, il en prendra d'intelligents qu'il formera.

En général, c'est faute de célibataires qu'il choisira des hommes mariés.

Point de bons serviteurs ruraux, point de bonne exploitation.

C'est, avec le progrès des lumières et l'encouragement, le livret qui fera les excellents valets de ferme.

En bien des lieux déjà, l'expérience en a démontré l'extrême utilité.

Il assure de faciles rapports entre le cultivateur et son aide, en définissant à l'avance leurs obligations respectives.

Il force l'un et l'autre à la fidélité, au contrat, en déterminant le salaire d'après une division basée sur l'importance des travaux des saisons.

Il indique la date d'entrée et de sortie.

Il énonce les à-compte donnés.

Il est la substitution de la preuve écrite au privilége accordé par la loi au patron d'être cru sur parole.

Différent du livret industriel déposé chez le patron, comme garantie du travail, il ne quitte pas les mains du valet qui peut, à chaque instant, vérifier son compte.

Il a égard tant aux divers modes de culture, qu'aux coutumes locales relatives à la division du temps d'une année.

En effet, les travaux des champs ne sont pas réglés comme ceux de l'industrie.

Ils ne dépendent pas toujours de la volonté du cultivateur.

Ils sont le plus souvent subordonnés aux saisons et aux intempéries de l'atmosphère.

Par suite, le travail, dans une ferme, ne peut être ni égal ni uniforme, en toute saison, comme dans les fabriques dont les ouvriers travaillent, tous les jours, pendant le même nombre d'heures, et de la même manière.

Autres étant les travaux des champs, le valet, après six mois d'hiver passés dans la ferme, ne doit pas, la quittant au moment des grands travaux, recevoir la moitié des gages de l'année.

Tout au contraire, il n'a à être payé que d'après le tarif établissant la division par séries de mois, du gage annuel.

Ce tarif est formé par le Comice ou par la Chambre d'agriculture du centre agricole.

Il est obligatoire pour les parties, en cas de contestation portée devant le juge de paix.

A l'expiration du contrat de louage, le livret est acquitté.

Les dates d'entrée et de sortie suffisent pour indiquer au nouveau maître le serviteur auquel il a affaire.

En conséquence, on n'y inscrit, pour prévenir de graves inconvénients, ni blâme ni éloge.

Il forme un titre précieux sur lequel l'ouvrier honnête peut s'appuyer ultérieurement.

L'obligation de le présenter est un frein capable d'arrêter le valet dans une mauvaise voie.

Il est une garantie contre l'inconvénient de voir le serviteur s'éloigner au moment des grands travaux.

LES JOURNALIERS.

Les journaliers deviennent indispensables, au moment des travaux compliqués.

On réclame aussi leurs services dans les cas d'insuffisance de travail profitable à donner aux aides à l'année.

Employés à la journée, ils perdent beaucoup de temps en conversations futiles et en repos fréquents.

Ils sont les ouvriers qui travaillent le moins ou le plus mal, et qui coûtent le plus.

Employés à la tâche, ils travaillent avec indépendance, satisfaction et activité.

C'est dire qu'ils ont à peine besoin d'être surveillés, qu'ils travaillent vite, et que, quand ils ne se hâtent pas trop, ils font une excellente besogne.

LE NOMBRE DES AIDÉS.

Le nombre des aides dépend du climat, de la nature et de la configuration du sol, de l'état plus ou moins morcelé du domaine, du système de culture, du choix des instruments, du mode d'administration, etc.

Il dépend aussi d'une multitude de circonstances générales en tête desquelles on peut placer la population, les industries locales, les habitudes agricoles, et le mode d'exécution des travaux manuels.

Deux bons aides valent mieux que trois médiocres.

LE MODE D'ORGANISATION DU PERSONNEL.

Dans les établissements de moyenne étendue, on tient assez souvent un premier aide.

Ce serviteur inspecte les travaux et maintient l'ordre parmi les travailleurs.

Dans les établissements plus étendus, le maître confie parfois la surveillance générale des travaux à un agent qui ne travaille pas par lui-même.

Cet agent est pris dans une classe plus élevée que celle des valets ordinaires, et prend le nom de *contre-maître*.

Selon Mathieu de Dombasle, la méthode est trop coûteuse.

En conséquence, il propose l'organisation ci-après :

1° Un chef d'attelage ayant sous ses ordres, sous le nom de *brigadiers*, deux valets, l'un pour les chevaux, et l'autre pour les bœufs.

2° Un chef de main-d'œuvre, chargé de la surveillance et responsable de l'exécution des travaux confiés aux manouvriers.

3° Un irrigateur préposé à ce qui concerne les prairies et les fourrages.

4° Un berger et son aide.

5° Un marcaire et ses aides, pour les bêtes à l'engrais.

6° Un commis et son aide, pour la comptabilité.

L'ENGAGEMENT DES SERVITEURS.

L'engagement des aides permanents est généralement d'un an.

Quand le valet a été éprouvé par un an de bons services, que n'est-il de plusieurs années !

Il est verbal.

Que n'est-il rédigé par écrit, en double expédition !

C'est une bien mauvaise coutume locale que celle d'engager les serviteurs, à une époque fixe de l'année.

Les conditions de l'engagement varient suivant les usages locaux.

Ici, les aides sont logés, couchés, blanchis, chauffés, éclairés et nourris par le fermier.

Là, logés, couchés, blanchis, chauffés et éclairés par celui-ci, ils sont nourris par un contre-maître qui, à cet égard, a traité avec le fermier.

Ailleurs, pour subvenir à leur entretien et à leur nourriture, ils reçoivent en argent ou en nature, une certaine quantité de denrées.

L'EMPLOI LE PLUS ÉCONOMIQUE DES MANOUVRIERS.

L'emploi économique des manouvriers exige l'attention la plus sérieuse.

Les meilleurs sont ceux qui, tout petits cultivateurs, ont besoin, pour vivre, de louer de temps en temps leur travail à autrui.

Leurs services sont payés, ici en argent, là en argent et en nature, et ailleurs simplement en nature.

Bien surveillés, les ouvriers à la journée et les ouvriers à la tâche peuvent se valoir.

LES APPRENTIS, LES FEMMES ET LES ENFANTS.

Les apprentis laborieux, intelligents et de bonne conduite peuvent devenir d'excellents agriculteurs.

Les femmes, dans les ouvrages de force, fournissent moins de travail que les hommes; mais leur salaire est moins élevé et leur entretien moins dispendieux.

Au reste, on ne peut se passer d'elles, dans un assez grand nombre de cas.

Bien dirigés, et surtout traités avec douceur, les enfants de 8 à 12 ans rendent de petits services qui les préparent aux travaux rudes ou difficiles.

LE PRIX ET LE COUT DU SERVICE DES TRAVAILLEURS AGRICOLES.

On ne peut établir des règles précises sur le prix du service des travailleurs agricoles, à cause des variations sans nombre que chaque pays présente.

Mathieu de Dombasle a calculé qu'en moyenne, chaque employé de sa ferme lui coûtait 426 francs 84 centimes, et que chaque heure de travail effectif exigeait une dépense de 14 centimes.

LA PETITE CULTURE.

La petite culture est représentée par la ferme que le maître exploite par lui-même, par sa famille, et par très-peu de serviteurs.

Elle ne prospère que sous de généreux efforts.

LA MOYENNE CULTURE.

La moyenne culture est représentée par la ferme de plus de 50 et d'un peu moins de 100 hectares, dont le maître, tout en prenant part aux travaux, surveille lui-même un certain nombre de serviteurs.

Plus elle emprunte d'instruments perfectionnés à la grande culture, plus elle prospère.

LA GRANDE CULTURE.

La grande culture est représentée par la ferme d'au moins 100 hectares.

Plus encore que la moyenne culture, elle a besoin d'être conduite par un agriculteur d'élite.

Entre des mains capables, elle prospère, grâce aux facilités qu'elle a, et aux puissants moyens dont elle dispose infiniment plus que la moyenne culture.

L'ÉTENDUE A DONNER A L'EXPLOITATION.

Un grand tort, chez les petits propriétaires, est d'employer leurs économies à acheter de nouveaux champs plutôt qu'à améliorer ceux qu'ils ont.

Beaucoup de terres peu fertiles valent bien moins que peu de champs d'une fécondité extrême.

Un grand tort, chez les gros fermiers, est d'être trop disposés à entreprendre la culture de fermes trop considérables, eu égard à leur capital d'exploitation.

Ils sont pauvres sur une grande ferme, quand, sur une exploitation moyenne, ils auraient pu s'enrichir, ou vivre avec aisance.

En effet, c'est à peine s'ils peuvent faire face aux nécessités les plus pressantes, et surtout aux dépenses imprévues.

Considère donc, pour l'étendue à donner à l'exploitation, les capitaux dont tu peux disposer, les circonstances locales, et la somme de tes connaissances.

LES AMÉLIORATIONS FONCIÈRES.

Entreprends les travaux susceptibles de te permettre de prendre possession du terrain, de le former, et de le maintenir en bon état.

Ecarte les obstacles qui s'opposent à une culture profitable.

Améliore l'état du sol.

N'aborde une difficulté qu'après avoir mûri le projet et consulté les hommes de pratique.

Commence par l'amélioration la plus urgente.

N'en viens à une autre qu'après l'avoir menée à bien.

Ne fais rien que d'opportun et que de praticable sans trop de dépense.

Ne défriche ni à trop grands frais, ni aux dépens des soins réclamés par les champs en plein rapport.

Prévois obstacles et déceptions.

LES CLOTURES RURALES.

Voir la première prédication.

LES CHEMINS RURAUX.

Les chemins ruraux sont les artères de l'exploitation.

Ils rendent facile l'accès du champ, du chemin vicinal, de la route et de la ferme.

Pour ménager terrain et frais de construction et d'entretien, dirige-les en ligne droite, et fais-leur présenter plus de largeur près des angles brusques et aux alentours des portes des enclos.

Choisis les mois d'hiver pour les construire.

Casse avec soin toutes les pierres à employer, à l'exception de celles qui doivent remplir les trous profonds.

Recouvre la terre d'au moins 15 centimètres de pierres de la grosseur d'une noix.

Quelque peu gros qu'ils soient, n'emploie pas, sans les avoir cassés en deux, les galets siliceux.

N'élève pas trop le milieu du chemin.

Vise à ce que, sur tous les points, la voiture marche avec une égale commodité.

En conséquence, donne aux côtés une très-faible inclinaison.

Répare les ornières.

Entretiens avec soin les fossés d'écoulement de l'eau.

LES CONDITIONS GÉNÉRALES QUE DOIVENT REMPLIR LES BATIMENTS.

La situation des bâtiments ruraux est un point capital à observer.

Autant que possible, la maison de ferme et ses dépendances sont placées au centre de l'exploitation.

Il n'y a d'exception à la règle qu'en cas de nécessité de se rapprocher d'un cours d'eau, d'un chemin public, ou de lieux habités.

La maison de ferme ne doit s'élever ni sur un sommet de colline, ni sur un sol entièrement horizontal.

Pour cause de salubrité, son lieu a besoin d'être légèrement en pente, à l'exposition du sud, et un peu au-dessus du niveau du domaine, pour que, de là, la vue embrasse presque tout.

On évite les localités basses, marécageuses ou trop exposées aux intempéries.

Si tous les lieux sont séparés les uns des autres, on les unit, et on les entoure par des clôtures.

Il est surtout utile, sous les climats exposés aux vents rigoureux de l'hiver, que les bâtiments présentent leurs murs d'enceinte à l'extérieur.

L'étendue des cours est nécessaire à la santé des hommes et des animaux.

Elle l'est aussi à la circulation des véhicules et au placement des fumiers.

Elle est indispensable, en cas de stabulation des animaux, en ce que ceux-ci peuvent y prendre l'air.

Le groupement des bâtiments est aussi un grand point.

Choisis le plus commode.

Place au sud la maison d'habitation, et les cours pour le gros bétail.

Place au nord l'étable à vaches et la laiterie.

Vise à rendre les incendies rares, ou faciles à combattre.

Rends commode aux meules l'accès de la machine à battre ou de la grange.

Fais en sorte que, de la grange on aille aisément au grenier.

Eloigne le moins possible les magasins à fourrage des silos, des celliers, des caves, des étables et des écuries.

Place judicieusement la fosse à purin, la fosse à fumier et les eaux qui servent à abreuver le bétail.

Dispose bien les magasins à récoltes.

Des bâtiments trop restreints ou trop vastes sont désavantageux.

Dans le premier cas, il y a encombrement.

Les animaux souffrent.

Faute d'être suffisamment abritées, les récoltes se perdent.

Dans le second cas, la construction des bâtiments absorbe un capital qui n'est pas en proportion avec l'étendue du terrain cultivé.

Trop de bâtiments compliquent soins et surveillance, favorisent la multiplication des animaux nuisibles, et exigent de grands frais de clôture et d'entretien.

LA MAISON D'HABITATION.

De la maison d'habitation, l'œil du maître doit voir ce qui se passe, non seulement sur le domaine, mais encore dans l'enceinte des bâtiments et des cours.

Elle doit être située de manière à ne pas trop avoir à craindre de l'incendie des récoltes.

Elle ne doit pas plus projeter son ombre sur les autres bâtiments que recevoir celle de ceux-ci.

Un potager doit l'entourer ou y attenir.

Elle a besoin d'être mise à l'abri des effluves des mares, des fumiers, de l'écurie, des laines qui s'échauffent, des harnais humides, des graisses ou des chairs putréfiées et des latrines.

Elle veut surtout reposer sur des caves voûtées.

Pour plus d'économie de temps et de facilité de la surveillance, il faut qu'elle soit commode.

Quant à son étendue et à sa distribution, elles sont en proportion du nombre des habitants, et en raison des services à y exécuter.

Il va sans dire qu'elle a un fruitier et des chambres à provisions, situées à la même exposition que la laiterie, et que, dans toutes ses parties, elle brille d'ordre, de simplicité et de propreté.

LES CITERNES.

Eloigné d'un courant d'eau ou d'une source, et sans puits, tu te fatigues à aller au loin abreuver ton bétail qui s'échauffe en courant, ou se blesse en tombant.

Dans ce cas, songe à construire une citerne.

Or une citerne est un réservoir rempli et alimenté par l'eau de pluie qui tombe des toits.

Place le réservoir à l'abri des rayons du soleil.

Arrange-le de telle manière qu'il n'y puisse tomber ni feuilles ni animaux.

Tourne son ouverture du côté du nord.

Il est souterrain, pour que le froid n'en gèle pas le contenu, et pour que les chaleurs de l'été ne provoquent pas la corruption ou l'évaporation de l'eau.

LE MOBILIER ET LE MATÉRIEL.

Le mobilier et le matériel sont 1° ce qui met les hommes et les animaux à même d'exécuter les travaux de toute espèce, 2° ce qui est à leur usage individuel.

L'observation sur place et les gros livres agricoles t'enseigneront ce qui constitue le matériel agricole, dont la description détaillée t'effraierait plus qu'elle ne t'instruirait.

LE CHOIX DES INSTRUMENTS.

Tel instrument, tel travail.

Les instruments économisent et complètent la force physique.

Ils accélèrent les travaux et leur donnent plus de régularité.

Ils amoindrissent les frais de production.

Les plus simples sont, à égalité de résultats, les meilleurs et les plus durables.

Ne te procure que ceux que comporte la nature de ta culture.

Ne t'engoue pas de ceux que tu ne connais pas.

Il y a la folie des achats d'outils, comme il y a celle des constructions.

N'aie pas non plus de préventions contre les engins nouveaux.

Essaie-les, et s'ils valent beaucoup, adopte-les ou recommande-les.

LA DIRECTION GÉNÉRALE DES OPÉRATIONS AGRICOLES.

Au risque de m'entendre me répéter un peu, écoute-moi à l'endroit de la direction générale des opérations agricoles.

Fais choix d'un système d'économie rurale et d'un plan de culture avantageusement applicable au domaine.

Dresse le tableau de toutes les opérations annuelles auxquelles devra donner lieu l'exécution du plan.

Répartis, dans le cours de l'année, tous les travaux.

Répartis aussi, dans chaque service, les travaux qui doivent lui échoir.

Cela fait, exécute le plan.

Avant d'agir, sois fixé sur le nombre et la désignation des attelages, sur le nombre des serviteurs à y appliquer, et sur la manière d'exécuter les opérations.

Sois également fixé sur les mesures administratives relatives aux heures de travail et de repos, à la surveillance, aux précautions à prendre, et aux soins à donner aux animaux, aux machines, aux récoltes, etc.

Fais chaque chose en son temps.

Fais-la avec résolution et fermeté.

N'entreprends rien que tu n'aies la certitude de bien faire.

Les pires des fous sont ceux qui se ruinent en entreprises extravagantes.

Applique, dans la mesure du possible, les mêmes agents animés aux mêmes travaux, d'après le grand principe de la division du travail.

Modifie tes plans suivant les circonstances qui surgissent.

Que chacun ait sa tâche bien distincte !

Au moins après la besogne du jour, indique à tes serviteurs celle du lendemain.

Que l'ordre bref et clair que tu auras donné ne reste pas une lettre morte !

Fais-toi rendre compte de la suite donnée à tes injonctions.

Si ton domaine est très-étendu, monte à cheval et va tout voir.

Là où personne ne donne des ordres, tout le monde commande, et le travail est mauvais.

C'est surtout quand on s'occupe de travaux auxquels on n'est pas habitué, que ta présence au milieu de ton monde est indispensable.

Nourris bien ton personnel.

Entraîne-le comme l'officier sa troupe.

LE CHOIX D'UN PLAN DE CULTURE.

Quelles que soient ton expérience et ton habileté, le plan de culture est un simple canevas destiné à recevoir de nouvelles combinaisons sanctionnées par le succès.

Bien débuter est être presque certain de réussir.

En dirigeant les opérations, tu apprends à connaître de mieux en mieux hommes et choses.

Ensuite, tu vois les circonstances qui doivent te déterminer dans le choix des modifications à apporter à ta culture.

Pour moindre crainte de te tromper, prends ton point de départ dans le système suivi dans le canton.

En le pratiquant, étudie-le.

Fixé sur ses avantages et ses inconvénients, substitue à ceux-ci les innovations dont l'expérience t'aura démontré la supériorité sur les coutumes suivies.

Dans ce travail d'observation, tâche de ne rien ignorer de la nature des sols et des sous-sols.

Apprends toutes les manières qu'il y a d'amender tes terres.

Approfondis la question des engrais inorganiques et organiques.

Recherche par quel genre de bétail tu dois faire consommer tes fourrages.

Sans négliger d'améliorer le pré naturel, crée des prairies artificielles.

Avec beaucoup de prés, fais beaucoup de fourrages.

Avec beaucoup de fourrages, fais beaucoup d'animaux.

Avec beaucoup d'animaux, fais beaucoup de fumier.

Enfin, avec beaucoup de fumier, fume bien tous tes blés.

Il va sans dire que tout cela impliquera pour toi la nécessité de combiner l'ordre dans lequel tu dois placer alternativement les récoltes destinées soit à la vente, soit à la nourriture des animaux.

En effet, l'assolement et la rotation sont deux choses bien

graves qu'on ne brusque jamais sans grand péril, et c'est de la judicieuse et économique combinaison des conditions qu'ils doivent remplir, que tu obtiendras le produit net le plus élevé possible.

LES VENTES ET LES ACHATS.

La vente est le but des spéculations et la conclusion des opérations de l'agriculture.

Apprécie avec sagacité la qualité et la valeur de ta marchandise.

Dans bien des cas, vise à gagner beaucoup, en gagnant peu sur un grand nombre d'objets.

Considère les débouchés.

Connais le cours des denrées.

Sache quel produit, sur tel ou tel marché, s'écoule le plus rapidement.

Ne trompe l'acheteur ni sur la quantité ni sur la qualité de la marchandise.

La vente est un art qui exige une entière connaissance des hommes avec lesquels on traite.

Tel acheteur marchande à outrance.

Tel autre déprécie à l'excès la marchandise.

Ce n'est qu'à force de bon sens qu'on déjoue toute ruse mercantile.

En général, vends quand tu trouves un prix convenable.

Dans l'espoir décevant d'une extrême élévation des prix, ne tarde pas trop à vendre.

Qui saura vendre saura acheter.

Celui qui, dans la vente ou l'achat, ne jouit pas de sa raison, fait de mauvais marchés.

LA COMPTABILITÉ AGRICOLE.

La comptabilité est, dans les recettes et les dépenses, l'ordre traduit en peu de mots et en beaucoup de chiffres.

Rends-toi compte par écrit de ce que tu fais, dépenses, empruntes et gagnes.

Ce sera faire de la comptabilité.

Les chiffres étant une puissance avec laquelle tout homme a à compter, la comptabilité est le fondement de toute entreprise agricole.

Caton la recommandait.

En effet, dans ce qu'il y a de plus complexe, elle fixe le passé, éclaire le présent et indique la route à suivre.

A la rigueur, il faut au moins :

1° un livre de caisse destiné à l'enregistrement des recettes et dépenses en numéraire ;

2° un registre des débiteurs et des créanciers :

3° un livre pour les comptes des diverses cultures ;

4° un registre pour le personnel ;

5° un livre pour les bestiaux ;

6° un livre pour les dépenses du ménage.

Dans la grande culture, les registres à tenir absorbent au moins deux comptables.

Dans la moyenne culture qui est d'une assez grande importance, ils en absorbent un.

Dans la moyenne culture de médiocre importance, et dans la petite culture, les comptes sont tenus, quand ils le sont, par un membre intelligent de la famille.

Il me faudrait composer un ouvrage volumineux, pour t'enseigner en grand la science de la comptabilité agricole.

Ce livre fait, il me faudrait, en outre, des auditeurs très-instruits pour pouvoir être compris.

Aussi, est-ce pour moi une bonne fortune que d'avoir obtenu d'un excellent agronome, M. Gerardgeorge, d'Epinal (Vosges), l'autorisation d'indiquer la manière de dresser deux tableaux de comptabilité, si simples et si clairs qu'ils pourront être facilement formés et remplis par les agriculteurs ne connaissant que les quatre opérations fondamentales de l'arithmétique.

Ces tableaux sont placés à la fin du volume.

Ils te prouveront, je l'espère, que la comptabilité agricole n'est pas, comme tant le croient, la mer à boire, et ainsi te fourniront les moyens de voir et de montrer aux autres où tu en es.

Au reste, tu es libre de les modifier selon tes vues, comme selon les besoins de ton exploitation.

En effet, même mal présentée, une bonne idée illumine l'homme qui joint l'intelligence au bon vouloir.

En conséquence, en passant écriture de tout travail et de toute affaire, sors vite de l'ornière de la routine.

L'INVENTAIRE ET L'ÉTAT DE SITUATION.

L'inventaire est l'estimation en monnaie courante des objets et valeurs consacrés à l'exploitation.

Il précède l'ouverture des comptes.

L'état de situation est le miroir de l'inventaire.

La réunion de toutes les sommes portées à l'inventaire constitue le capital matériel.

La caisse renferme les valeurs monétaires et les papiers-monnaie souscrits au profit de l'exploitant.

Dans l'inventaire, le mobilier comprend les objets dont l'entretien, le renouvellement et la rente sont à la charge des récoltes, les instruments, les ustensiles, les harnais, les ameublements et les literies des valets.

Les provisions emmagasinées pour les gens de la ferme forment un groupe.

Le bétail qui, au besoin, sera subdivisé, en forme un autre.

Il en est de même des denrées en magasin.

Tu prendras utilement en considération sérieuse, d'abord les engrais enfouis dans le sol, puis les terres déjà ensemencées, les prairies artificielles en pleine prospérité, etc.

NOTIONS GÉNÉRALES D'ÉCONOMIE RURALE,

Par MATHIEU, de Dombasle,

Destinées à servir de récapitulation de la plupart des données précédentes.

Les succès, en agriculture, sont modestes et cachés.

Par suite, découragement pour les imitateurs, et sujet de sarcasme et de triomphe pour les cultivateurs routiniers.

Le cultivateur, pour lequel améliorer n'est point un besoin de sa nature, est d'ordinaire économe.

Il maintient les produits des terres, en harmonie avec le prix de fermage, et évite les risques.

Mais les succès le fuient.

Le cultivateur améliorateur est nécessairement moins économe.

Il travaille peu ou ne travaille pas par lui-même, et il emploie rarement sa famille.

Nécessité pour lui de produire plus pour gagner autant, puisqu'il paie à prix d'argent les travaux qu'il fait exécuter.

En raison des chances auxquelles il s'expose et des frais qu'il supporte, l'agriculteur innovateur, s'il veut soutenir la concurrence, doit choisir le produit le plus profitable, défalcation faite de la dépense.

Le véritable agriculteur est celui qui, étudiant toutes les opérations que d'autres tentent, applique judicieusement la culture à ses terres les plus propres et les plus productives.

Il y a, non de l'agriculture perfectionnée, mais de l'agriculture raisonnée.

L'agriculteur ordinaire a son thème fait à l'avance.

Le passé et ce qui se fait lui servent de guide.

L'agriculteur novateur non expérimenté choisit mal son assolement, et manque de persévérance et souvent de capitaux.

Il s'expose alors aux mécomptes et aux catastrophes.

Les succès, en agriculture, s'appuient sur des conditions matérielles et morales que nul ne peut éluder.

Le choix judicieux d'un domaine doit avoir lieu, moins d'après le prix de ferme ou d'achat, que d'après les ressources offertes par la population, les chemins, les débouchés et le prix de main-d'œuvre comparé au travail de l'ouvrier.

L'agriculteur doit se défier des terres riches, voisines de celles qui sont dites *sous landes*.

C'est un appât où les capitaux viendront souvent s'engloutir.

Le fermier prudent ne défrichera ces terrains qu'avec de longs baux, des capitaux suffisants et de bonnes conditions de fermage.

Le propriétaire, qui se livre à ces défrichements, place ses capitaux pour l'avenir.

Le fermage des terres incultes mais bonnes exige des bâtiments suffisants pour l'exploitation, et un long bail.

Les propriétaires de terres à défricher doivent traiter libéralement avec leurs fermiers, s'ils ne veulent voir leurs terres se détériorer, et la mise en valeur de celles-ci reculer indéfiniment.

Dans tout pays nouveau pour eux, les acquéreurs doivent étudier soigneusement les localités, et ne payer jamais plus cher que le prix commun, quelles ques soient les espérances qu'ils conçoivent.

Les fermiers doivent exiger de longs baux, quitte à voir le prix de ferme s'augmenter dans la période de 18 à 27 ans.

Tout succès, en agriculture, demande un capital suffisant.

Le capital est la garantie du bénéfice.

Il ne faut jamais compter sur le bénéfice pour compléter le capital.

Une ruine certaine serait le résultat d'un pareil calcul.

L'homme, né sur la terre qu'il exploite, peut augmenter par ses bénéfices un capital insuffisant.

L'homme placé dans une autre condition, voit toujours son capital s'amoindrir par le seul fait de son insuffisance primitive.

La quotité du capital nécessaire ne se fonde pas sur le prix de ferme.

L'étendue donne une appréciation plus juste.

Plus l'étendue est grande, plus le capital peut être réduit.

Si cent hectares demandent généralement 40 mille francs de capital, 150 mille francs seront plus que suffisants pour exploiter 500 hectares de même nature de sol.

Si le domaine est rapproché des villes, on y vend ses fourrages, et l'on y achète des fumiers.

Il faut moins de bestiaux et moins de capital.

Si le propriétaire s'occupe d'éducation et d'engrais, un capital plus fort lui est nécessaire.

Le capital est soumis à la valeur des bestiaux qu'on élève.

Les races rares et précieuses demandent plus de capital.

Plus la terre a été mal cultivée, plus le capital nécessaire pour rendre ces races à la culture qu'elles peuvent supporter doit être considérable.

Tout cultivateur qui n'est point expérimenté doit avoir petit domaine et petit capital, car les fautes, sur un vaste champ, se multiplient par le nombre d'hectares sur lequel on les commet.

Le capital comprend la valeur mobilière.

Il ne comprend pas ce qui est nécessaire pour défoncement, clôture, construction et transport de terres.

Le prix de fermage ne peut être prélevé sur le capital.

Le produit de la terre doit le payer.

Le propriétaire qui fait valoir lui-même ne doit pas confondre capital et revenu, s'il veut augmenter l'un et l'autre.

L'agriculture exige de l'homme qui veut réussir, esprit d'observation, persévérance, science du commandement, prudence, activité et esprit d'ordre.

Comme métier, le savoir agricole est la connaissance pratique de la terre, des effets du labour, du temps et du mode des semailles, et de l'éducation et de l'engrais des bestiaux dans la localité.

Comme art, le savoir agricole est l'étude des divers procédés, applications et bénéfices probables.

Le savoir choisit, modifie et améliore, parce qu'il compare.

La science s'appuie sur toutes les branches des connaissances.

Elle crée des théories que la pratique modifie.

Seule, elle offre peu de chances de succès.

La science agricole séduit, et les faits désenchantent.

Le métier est trop en arrière, et la science trop en avant.

Point de vrai savoir agricole, si la part n'est faite au métier.

Le métier vaut mieux que l'art pour exécuter.

Mais l'art est nécessaire pour concevoir.

Le métier s'apprend dans la pratique et sur la terre que l'on cultive soi-même.

L'art s'apprend dans les livres, les voyages et l'instruction pratique.

Ce dernier mode rectifie les erreurs que font commettre les deux autres.

Sans pratique, l'agriculteur voit mal ou ne voit pas.

Plus la nature et la culture des terres seront variées, plus la pratique sera complète.

On ne possède pas la pratique, si l'on n'a pas fait toutes les opérations de la ferme, depuis le pansement des animaux jusqu'à la conduite de la charrue et la semence, et si l'on ne peut instruire soi-même ses valets de ferme.

Mauvais système et bonne administration donnent de meilleurs résultats que bon système et mauvaise administration.

L'agriculteur doit se rendre compte de l'emploi de son temps aussi bien que de l'emploi de ses capitaux.

L'esprit d'ordre est la garantie d'une bonne administration.

Il est indispensable, pour connaître et pour classer méthodiquement les résultats.

Cette connaissance des hommes qui fait qu'on les emploie suivant leurs facultés, soit aux travaux de la ferme, soit aux achats ou ventes, n'est pas donnée à tout le monde.

Mais c'est la science qui conduit à l'esprit des affaires.

L'esprit des affaires est un don de la nature.

Il se développe par l'expérience et l'habitude.

L'habitude supplée à l'esprit des affaires, mais n'en donne pas le tact.

L'esprit des affaires et, à son défaut, une grande habitude, sont nécessaires en agriculture, si l'on ne veut mettre toutes les chances contre soi.

Combien de marchés onéreux ont neutralisé et souvent détruit les plus beaux succès agricoles!

Nul ne mènera à bien une exploitation agricole, s'il ne peut embrasser d'un coup-d'œil l'ensemble et les détails de son entreprise.

Les détails ont toute l'importance de l'ensemble.

En négliger un fait souvent manquer l'opération la mieux conçue.

L'ensemble d'une exploitation est la réunion des détails.

De la perfection de ceux-ci résulte celle de l'ensemble.

Sans économie et prévoyance, point d'agriculture.

L'économie consiste à dépenser moins que son revenu.

La prévoyance est l'art de tirer un produit de l'épargne.

L'économie est douteuse, si l'agronome ne peut facilement et sûrement distinguer par ses comptes, les profits du capital et des frais de production.

On peut être économe en se livrant à la spéculation.

La spéculation agricole est le placement d'un capital, compte fait de son augmentation en raison des risques.

La spéculation elle-même doit se faire avec économie.

Toute dépense agricole doit être calculée sur la recette.

Faites ce qui est nécessaire pour atteindre au but calculé à l'avance.

Mais en faisant libéralement, faites avec économie.

Le praticien exclusif fait avec économie, mais sans libéralité.

Le théoricien non exercé fait avec libéralité, mais sans économie.

L'homme prudent n'entreprend jamais au-delà de ce que son capital lui permet.

Il connaît la portée de ses forces physiques, morales et intellectuelles.

Il n'en attend et ne leur demande que ce qu'elles peuvent donner.

La présomption, qui est l'opposé de la prudence, peut réussir en spéculation, mais jamais en agriculture.

TROISIEME PARTIE.

L'Hygiène.

L'ÉDUCATION PHYSIQUE DES ENFANTS.

Femme de l'homme des champs, veux-tu des enfants vigoureux et bien portants?

Veux-tu aussi que nul accident ne leur arrive?

Lors du baptême, fais garantir le nouveau-né contre le froid.

Ne pouvant lui présenter ton sein, confie le petit être à une nourrice saine, soigneuse et douce.

Qu'il ne soit allaité ni trop longtemps, ni trop peu de temps!

Ne le lie pas dans son berceau.

Laisse-le s'ébattre librement sur des nattes de paille ou de jonc.

Fais-le vacciner de bonne heure.

Ne l'élève pas dans une chambre insalubre.

Ne le couvre pas de vêtements trop épais ou trop légers.

Offre-lui, après le sevrage, une nourriture substantielle et saine.

L'imprudence et l'excès le rendent malade, l'estropient ou le font périr.

Il en est de même du châtiment excessif qui, en outre, l'abrutit.

Il peut, jouant avec le feu, incendier la ferme.

Il risque, en portant à sa bouche des allumettes chimiques, de se faire mourir.

L'arme à laquelle il touche lui fera faire un grand malheur.

Laissé seul, dans une chambre non fermée, il sera mutilé par un porc.

Abandonné dans la rue, il périra sous les pieds d'un animal ou sous les roues d'une voiture.

Se baignant loin de toi, il se noiera peut-être.

Dans le verger, il tombera d'un arbre.

Dans la forêt, il mangera le champignon qui empoisonne.

Dans ses jeux avec ses petits amis, il estropiera ou sera estropié.

Plus tard, il prendra l'habitude de fumer ou de boire avec excès.

La paresse l'amollira.

L'extrême malpropreté le couvrira de vermine ou d'ulcères.

Au pâturage, où filles et garçons se trouvent réunis sans surveillance, de mauvais garnements lui apprendront les pratiques libertines qui dépravent et perdent de santé un si grand nombre d'adolescents.

Enfin, arrivé au moment de concourir avec activité à vos labeurs, l'enfant que, malgré ton incurie, tu auras conservé, sera chétif, infirme, nonchalant, idiot ou sans moralité.

En vérité, les devoirs et les inquiétudes des mères ne peuvent se compter.

L'EMPLOI DES ENFANTS A LA GARDE DES TROUPEAUX.

A peine les premiers rayons du soleil du printemps ont-ils réchauffé la terre, que déjà le jeune garçon et la jeune fille sont arrachés à l'école.

Il leur faut conduire au champ le bétail qu'un défaut de prévoyance de l'année précédente ne permet plus de nourrir à l'étable.

En vain les petits garçons sont-ils en train de s'instruire et de mieux faire, après les mois d'hiver passés sous l'œil de leurs parents et de leurs maîtres.

En vain les petites filles ont-elles reçu de leurs maîtresses quelques leçons de pudeur et de vertu.

Le moment du pâturage est venu.

C'est dire que celui de désapprendre est arrivé, et que la démoralisation va suivre le mélange des deux sexes.

Les parents y poussent leur jeune famille comme le bétail, sans se rendre compte des conséquences multiples et désastreuses, au point de vue des penchants et de l'hygiène, de l'absence de toute surveillance.

LES PETITS VILLAGEOIS EMPLOYÉS PAR L'INDUSTRIEL CUPIDE.

Une manufacture s'élève non loin de ta ferme, et aussitôt tes petits enfants passent du sein de leur mère dans l'atelier.

Si le maître est cupide, c'en est fait d'eux.

Ils n'apprendront ni à lire, ni à écrire, ni à calculer, ni à connaître leur Dieu.

Les voilà condamnés à travailler incessamment dans une poussière qui les suffoque.

Ils ne respireront plus qu'un air infect qui sera fatal à leur santé.

Tristes, pâles, maigres, ils végètent, au lieu de vivre.

L'intelligence avec laquelle ils étaient nés se retire d'eux.

Ils acquièrent à peine la moitié de la force qu'ils promettaient.

Adultes, ils ne sont plus que des crétins ou de débiles débauchés.

Jeunes gens, ils ne pourront être reçus dans les rangs de l'armée.

Hommes, ils procréeront de chétives créatures.

Au jour de l'émeute, ils s'élanceront de leurs bouges, suivis d'une famille déguenillée, pour demander aux maîtres épouvantés, un compte sévère de ce qu'ils ont fait des ouvriers.

La loi, répondra-t-on, n'a manqué, à cet endroit, ni de charité, ni de prévoyance.

Elle a réglementé les cas d'emploi des enfants, et édicté une peine.

Je le reconnais, mais que font, peut-être, certains des inspecteurs qu'elle institue?

Ils remplissent chez eux, sur le papier, le simulacre de la mission dont ils n'ont pas eu le courage de s'acquitter dignement.

Ils préviennent le manufacturier de l'heure de leur apparition.

Après un accueil que couronne un festin, ils ne trouvent pas, dans la fabrique, les petits martyrs auxquels, en leur honneur, on a donné un moment de congé.

S'ils les y trouvent, c'est presque en grande tenue, et en cas du contraire, ils ont des yeux pour ne pas voir.

L'INDUSTRIEL CHEZ LEQUEL IL FAUT PLACER L'ENFANT QUI NE PEUT ÊTRE LABOUREUR.

Si ton enfant ne peut pratiquer ta noble profession, choisis bien l'industriel auquel tu le confieras.

Ne choisis pas celui dont le seul but est d'arriver à la fortune.

Il dit à l'ouvrier :

Marche, machine.

Peu m'importe que tu sois soutien de famille : voici pour ta journée.

Pendant une heure, étant indisposé, tu as pris du repos : je te retiens le salaire de l'heure.

Sois, si tu le veux, le fléau de ta femme : je n'exige de toi que du travail.

Sois sans religion : ce n'est pas moi qui tirerai ton âme des griffes de satan.

Si je te prends, c'est sous condition de te payer en étoffe, farine, épices et spiritueux.

Malade tu t'en iras à l'hôpital.

Devenu vieux, tu mendieras, mais pas chez moi.

Enfin, souffre, gémis, aie faim, toi et les tiens : mon intérêt avant tout !

Combien diffère de celui-ci l'industriel dont le but est élevé !

Ses conceptions doivent, en l'enrichissant, et en l'honorant tout à la fois, être un élément de fortune et de supériorité pour son pays.

Aux populations dont l'ignorance et la paresse causent la misère, il apporte le travail, ce moralisateur par excellence.

Il leur offre le moyen de se procurer le capital qui assainit et couvre de récoltes le sol auparavant improductif.

Il institue dans la fabrique, la chapelle où, chaque dimanche, on entendra parler de Dieu.

Il veut une école où les enfants reçoivent l'instruction qui fait les ouvriers modèles.

Il réserve aux malades une infirmerie.

Pour le travail, il sépare l'un de l'autre les deux sexes.

Il dote chaque famille d'un logement auquel attient un potager.

Il imagine ainsi la féconde association de la bêche et du marteau.

Il encourage par le don d'un livret de caisse d'épargne, l'enfant qui a vaincu ses condisciples.

Il assure une retraite aux vieux et fidèles serviteurs.

De l'ouvrier de premier ordre, il fait parfois un associé.

Il est pour tous les travailleurs, un père au milieu des enfants qui lui sont chers.

Il s'enrichit plus et plus vite que s'il était cupide.

Il éprouve des joies que l'industriel égoïste ne connaîtra jamais.

Les grands l'honorent.

Les petits le bénissent.

Au jour de l'émeute, ses serviteurs se serrent autour de lui.

S'il est malade, ils prient pour lui.

Au seuil de l'autre vie, il se présente à Dieu, les mains pleines de bonnes œuvres.

LES MŒURS ET LES PASSIONS AU VILLAGE.

La licence des mœurs, surtout entre les époux, est plus grande à la ville qu'à la campagne.

Mais ici, la jeunesse des deux sexes, faute d'un enseignement assez sérieux du devoir, perd de plus en plus la simplicité et la retenue qui étaient, avec la religion, le rempart de la vertu.

C'est au point qu'on ne sait ce qui arriverait, si le village était longtemps privé de pasteur.

Chez les jeunes filles, quand les sens sont purs, l'imagination enflammée occasionne des affections vaporeuses de la multitude desquelles le médecin seul a le secret.

Chez les jeunes gens trop souvent en contact avec ceux de la ville, des habitudes vicieuses privent le corps et l'esprit de l'énergie dont ils ont besoin.

L'envie et la haine, si elles n'éclatent pas avec violence, sont concentrées et éternelles.

Cela fait dire que les pires passions sont celles du village.

En effet, rien ne les distrait de leur objet, parce que l'éducation n'a pas émoussé l'aspérité des penchants.

Sans autre cause, on a vu des laboureurs, perdre l'appétit, l'embonpoint, la gaieté et la raison.

L'ambition, il est vrai, ne décime pas, dans les campagnes, par l'apoplexie et le suicide, ce tas d'insensés qui ne peuvent se résigner à la paisible obscurité où les retient leur rang spirituel.

Mais, sous une forme qu'on peut appeler *ambition parcellaire*, elle précipite ou élève l'homme.

Portée à l'excès, l'ambition parcellaire expose à la ruine ou à une gêne affreuse, le laboureur qui achète inconsidérément.

Elle tue par le souci résultant de l'impossibilité de payer.

Modérée, elle stimule l'intelligence.

En supprimant l'oisiveté et l'ignorance, elle introduit des habitudes d'ordre.

Elle forme tous les petits propriétaires indépendants qui constituent la nation difficile à envahir, ou au moins à subjuguer pour longtemps.

LA FORCE ET LA SANTÉ.

L'instruction ne suffit pas, cher laboureur.

Il faut le capital de l'homme de peine : la force et la santé.

Sans elles, point de travaux.

L'hygiène entretient l'une et l'autre.

Ecoute le peu que, insuffisant disciple d'Esculape, je puis t'en dire.

Salubres sur les lieux élevés, les arbres sont insalubres sur les lieux bas et humides.

Regarde comme dangereux le voisinage d'un marais ou d'un étang.

La saleté des rues du village est une cause d'infection.

La présence des fumiers dans un centre de population en est une autre.

Il en est de même de la proximité du cimetière.

Les odeurs de l'étable et des lieux d'aisance ne doivent pas pénétrer dans l'habitation.

Le rez-de-chaussée sans cave est très-malsain.

Il en est presque de même de la chambre mal exposée.

Evite chez toi les courants d'air.

Aère souvent.

Ne place pas ton lit contre la muraille froide qui n'est pas boisée.

Sur le poële en fonte qui favorise la corruption de l'air, place une tasse pleine d'eau.

Dans ta chambre à coucher, des vases remplis de fleurs t'asphyxieront pendant la nuit.

L'air est vite vicié dans l'appartement à la fois chaud, petit, bas et rempli de monde.

L'ordure, dans ta maison, engendre la vermine.

L'humidité froide produit chez les jeunes gens, la scrofule, des tumeurs, des ulcères, des maux d'yeux, des écoulements fétides d'oreilles, des difformités, la carie des articulations, la consomption, etc.

Elle occasionne à l'homme fait des maux de dents, d'oreilles et de gorge, la surdité, des rhumes et des rhumatismes.

La pipe épuise l'estomac et engourdit le cerveau.

La prise introduit dans ton nez de graves affections.

Les énormes sacs à plumes sous lesquels tu dors, sont insalubres.

Ne manquant pas au soin d'étriller tes chevaux, tu ne te frictionnes pas.

Lavant ton porc, tu ne te décrasses ni mains, ni figure, ni tête.

Tu ne fais pas usage du bain tiède si employé par l'antiquité.

Tu te baignes dans la rivière, par un soleil ardent, ou venant de manger.

Ruisselant de sueur, tu ne changes pas de linge.

Ayant trop chaud, tu bois de l'eau fraîche avec excès.

Tu t'étends, pour y dormir, sur une terre humide.

Tu ne crains pas l'extrême fraîcheur du soir.

Mouillé, tu laisses tes vêtements sécher sur toi.

Tes habits sont trop chauds en été, et trop froids en hiver.

Quand il fait froid, tu sors, la tête et les bras nus.

L'ivresse excessive peut te donner la mort.

Le vin capiteux attaque tes nerfs.

Les spiritueux, et surtout le poison appelé *absinthe* te rendent fou.

Trop de travail t'use.

Tu t'estropies, en soulevant des fardeaux excessifs.

Tu n'évites pas assez les gaz mortels qui se développent soit dans la cuve où fermente la vendange, soit dans le grenier non aéré où se trouve du regain récemment récolté.

Tu touches sans précautions, la bête atteinte de charbon ou de morve.

Ta femme n'a pas un soin suffisant de sa bouche, de sa chevelure, et même du reste de sa personne.

C'est à peine si, bien malade, elle se résout à prendre un bain.

Dans les travaux des champs, elle conserve son corset, comme toi la cravate qui t'étouffe.

Votre pain est mauvais.

Votre soupe est maigre.

Votre piquette est aigre.

Vous mangez peu de viande fraîche.

Votre repas de l'après-midi a lieu trop tard.

Celui qui soigne les bêtes à l'aventure, soignera la famille, dans toute maladie.

N'ayant recours ni à l'empyrique, ni au sorcier, ni au charlatan, vous n'appelez pas le médecin qui, dites-vous, valant moins, coûte plus cher.

Si, par fois, vous le mandez, c'est quand le malade agonise.

Vous prenez de vous-mêmes un vomitif, quand c'est la saignée qu'il vous faut.

Vous faites de l'aliment ou de la boisson nécessaire à celui qui se porte bien, un poison dans la fièvre.

Souvent, comptant sur un tempérament que vous croyez de fer, vous ne faites rien pour vous guérir.

Enfin, il faut que la salubrité de l'air et des travaux de la campagne luttent avec bien du succès contre votre imprudence, pour que le citadin envie, comme il le fait, votre santé et votre force.

De grâce, ayez plus soin de vous.

Ne laissez pas l'indisposition tourner en maladie, et celle-ci en décès.

Convalescents, évitez une rechute, à force de prudence.

Et surtout, pour ne pas être pris au dépourvu, tenez chez vous, en réserve, un livre de médecine usuelle, et quelques remèdes qui vous permettent d'attendre la venue de l'homme de l'art.

L'ABUS DES BOISSONS FERMENTÉES.

Quoi de plus affligeant que le spectacle de l'ivresse?

L'homme ivre a la figure enflammée, l'œil hagard et les jambes vacillantes.

Tout ce que tout-à-l'heure il avait de raison s'est retiré de lui, et le voilà qui, sans la moindre conscience de ses actes et de son état, crie ou gesticule follement, profère des injures ou des blasphèmes, frappe en aveugle, livre tout secret, conclut de ruineux marchés, et tombe souillé par le trop plein qu'il vient de rejeter.

Ce n'est plus un homme.

Ce n'est pas même un pourceau.

C'est, parmi les êtres animés, ce qu'il y a de plus dégradé, de plus immonde et de plus monstrueux.

Aussi, à Sparte, pour rendre saisissants les effets du vice abominable dont il s'agit ici, offrait-on de temps en temps à la jeunesse le spectacle d'un esclave mis en état d'ivresse.

Peu de gens, par bonheur, se laissent aller à une complète intempérance.

Mais, en général, on tient trop au vin.

On en fait une consommation quelquefois excessive, et presque toujours nuisible à la santé, quand la boisson la plus naturelle et la plus salubre que Dieu ait pu imaginer pour l'homme, l'eau, est là pour le suppléer dans la plupart des cas, ou au moins pour le couper.

On fait aussi des liquides alcooliques, comme l'eau-de vie et la liqueur, un déplorable abus.

Ainsi j'ai vu dans des pays montagneux, que pour leur honneur je ne veux pas nommer, des populations présenter chaque jour une consommation en eau-de-vie, d'un demi décilitre par âme.

Pour en revenir au vin, plusieurs s'imaginent que, pour bien s'en trouver, il en faut beaucoup boire.

Hé bien, en prendre encore dès qu'il agite le cerveau, est grandement pécher contre l'hygiène.

Plusieurs aussi prétendent qu'il est fortifiant pour les enfants, et, en conséquence, lors même qu'ils sont malades, leur en font avaler de grands verres.

C'est une grave erreur, car, pur il irrite leur estomac, en même temps qu'il leur fait contracter à l'excès l'habitude des boissons fermentées.

Que dirai-je de la bière ?

Ce que j'en sais, c'est qu'elle amollit le marcheur et le travailleur.

C'est que je l'ai vu délabrer les plus robustes estomacs.

Maintenant, quel est l'homme qui se porte le moins bien et vit le moins longtemps ?

Quel est celui qui commet le plus de délits, et fait le moins bien ses affaires ?

Quel est celui qui aime le moins la lecture et l'étude, ces deux choses sans lesquelles, sur cette terre, nous sommes plus nuisibles qu'utiles ?

C'est le buveur effréné de vin, de bière et d'eau-de-vie.

VINGT-CINQ CENTIMES DE TABAC ET D'EAU-DE-VIE PAR JOUR.

Sais-tu ce que c'est, cher laboureur, que 25 centimes de tabac et d'eau-de-vie par jour ?

C'est 91 francs par an.

Cela connu, sais-tu ce que c'est que 91 francs ?

C'est la valeur d'une génisse.

C'est l'équivalent de six hectolitres de froment.

C'est ce qu'on te donnerait de vingt quintaux métriques de foin.

C'est ce qu'il faut pour payer ton chauffage, les mois d'école de tes enfants, ou, si ta femme n'était la plus tendre des mères, les mois de nourrice de ton mioche.

C'est le loyer de l'hectare de terre qui ne t'appartient pas.

En un mot, c'est de quoi remplir le bout du bas de laine où la fortune du chef de la maison Rostchild a commencé.

Les petits ruisseaux font les grandes rivières ; et, de quoi, si ce n'est de petits grains, une roche est-elle formée ?

LA BOISSON CONSEILLÉE AUX MOISSONNEURS,

Par la *Gazette des Campagnes.*

Les travaux de la moisson sont surtout fatigants sous les feux du soleil de juillet.

Le faucheur est souvent altéré, et plus il boit, plus il s'énerve sous la sueur.

Dans ce cas, il court des dangers, en choisissant, pour prendre du repos, un abri trop frais.

Il doit éviter de faire sa sieste dans des endroits humides et trop ventilés.

Il doit aussi repousser la tentation de boire abondamment et surtout de boire de l'eau très-fraîche.

Ces brusques et violentes variations de froid et de chaud, à l'intérieur et à la surface du corps, sont des causes de graves maladies.

La boisson du moissonneur a besoin d'être tonique.

La meilleure, avec le vin, est, à notre avis, celle dont nous allons indiquer le mode de préparation.

Infusez un kilogramme de café dans 15 kilogrammes d'eau bouillante.

Ajoutez un peu de sucre et d'eau-de-vie, et faites refroidir.

Tonique et agréable, cette liqueur a le mérite inappréciable de diminuer la transpiration et de soutenir ainsi les forces.

Dans les campagnes de Crimée, d'Italie et de Chine, la tisane de café a rendu, comme en Afrique, de grands services à nos soldats.

Elle ne sera pas moins utile à nos braves essaims de moissonneurs qui suent sang et eau pour recueillir la matière de notre nourriture commune.

LES VÊTEMENTS.

A l'endroit des vêtements, la *Science pour tous* nous donne de bons conseils.

Un vêtement est d'autant plus chaud, qu'il est moins bon conducteur du calorique.

En effet, il s'oppose à ce que la chaleur du corps rayonne au dehors.

Les matières soit animales, soit végétales sont propres à servir à la confection des vêtements.

Moins bons conducteurs du calorique que les autres, les vêtements de laine sont les plus chauds.

Ils absorbent la transpiration cutanée, et s'en débarrassent peu à peu.

Par leur contact ils excitent légèrement la peau et produisent un effet heureux, en facilitant et en régularisant le travail de cet organe.

On devra donc les employer, par exemple, quand il fait froid.

Les personnes d'une santé délicate se trouveront bien de l'usage de la laine et de la flanelle.

C'est surtout aux pieds qu'on ne saurait trop recommander de se servir de bas en laine.

La raison en est qu'en entretenant la chaleur à cet endroit, on y attire le sang et débarrasse la tête.

Cela préserve de quelques maladies, et rend de bons services aux personnes sujettes aux migraines.

La couleur des vêtements n'est pas indifférente.

La physique nous apprend que les corps blancs réfléchissent la chaleur, au lieu de l'absorber.

En conséquence, la couleur à choisir sera, en hiver le noir, et en été le blanc.

Pour qui ne travaille pas, et pour l'ouvrier des villes ou des usines, des vêtements larges.

Pour l'homme des champs, la blouse qui est d'un usage commode.

Brusquement changer de vêtements, quand change la saison, est une grande imprudence.

En effet, ce n'est pas impunément que, changeant, en un jour, son costume, on passe d'un habit épais à un habit léger.

Quant aux coiffures, elles doivent être légères.

Outre que notre chapeau noir est pesant à la tête, ses bords exercent sur le front une compression désagréable, et amènent la migraine.

Coiffure commode sinon gracieuse, le bonnet de coton a l'avantage de se prêter à la forme de la tête, et d'être assez léger.

Ce sont deux avantages qu'on trouve réunis dans la casquette dont, en sus, la visière s'interpose entre les yeux et le soleil.

Nous blâmons chez celui qui travaille au grand air, le défaut de coiffure.

Frappant avec force sur le cuir chevelu, les rayons solaires peuvent lui causer une affection cérébrale.

S'il pleut, un rhume peut-être bien mauvais, le fera repentir d'avoir laissé sa tête découverte.

Pour l'été, un chapeau de paille convient beaucoup, à cause de sa légèreté.

Une cravate n'est bonne qu'à comprimer, surtout pendant les grandes chaleurs, le cou où passent tant de vaisseaux importants.

Maudits Croates, en nous apportant la cravate, en 1660, vous êtes venus nous exposer à des congestions cérébrales, à des afflux sanguins vers la tête, et à l'engorgement des ganglions situés sous la mâchoire inférieure.

Nous ne dirons rien des habits dont les formes nombreuses changent à chaque instant, surtout sur le dos des dandys.

Le pantalon doit être large et surmonté de bretelles, afin

d'éviter la compression qu'exercerait la ceinture au-dessus des hanches.

Cette compression gêne la respiration et la digestion.

Les jarretières ne doivent pas être trop serrées.

L'oubli de ce précepte fait naitres des ulcères et des varices.

La chaussure doit être légère et solide.

En été des souliers, et en hiver, des bottes.

Point de caoutchoucs !

Ils empêchent la transpiration cutanée de se faire jour au dehors.

Enfin vivent les sabots comme chaussure salubre !

L'AMOUR DU TRAVAIL AGRICOLE.

On entend souvent dire : *l'état de cultivateur est bien pénible, et les gens des villes sont bien heureux.*

Cette maxime vulgaire n'a qu'une apparence de fondement.

Celui qui s'habitue de bonne heure au travail, et y apporte des soins et de l'attention, y prend plaisir.

Si le travail lui était interdit, l'ennui, en s'emparant de lui le rendrait malheureux.

Il n'y a rien de plus fatiguant et de plus insupportable que l'oisiveté.

L'homme inoccupé n'est bientôt plus propre à rien.

Sa nonchalance l'endort et le rend insensible.

Il tombe dans la torpeur.

En un mot, il est un homme à moitié mort.

Sans doute l'état de cultivateur est pénible.

Mais les autres états n'ont-ils pas leurs fatigues et leurs désagréments ?

D'un autre côté, la providence, dans l'ordre éternel et admirable qu'elle a établi, est attentive à compenser les choses de ce monde, et à nous dédommager de nos labeurs.

Oui, le laboureur travaille beaucoup, à de certaines époques de l'année.

Il tient la charrue, sème, récolte, et ne se repose que pendant quelques heures de la nuit.

Mais après les moments de travaux trop rudes, personne n'a plus de tranquillité d'esprit et de corps.

La saison de l'hiver ne lui impose que des devoirs faciles à remplir.

Le sort de l'homme des villes est-il plus agréable ?

L'artisan travaille constamment pour nourrir sa famille.

Combien, assailli par le besoin, il crie la faim, gémit, et s'il ne craint pas Dieu, murmure!

Le négociant n'a pas un instant de repos.

Sans cesse renouvelées, ses affaires le préoccupent et l'agitent au plus haut degré.

Les pertes lui ravissent le fruit d'un long travail.

Enfin une faillite lui ôte jusqu'à sa réputation d'homme de bien.

L'homme en place ne connait pas les fatigues de bras.

Mais il a des administrés ou des subalternes qui se révoltent ou le décrient, des collègues qui le desservent, et des chefs qui le jalousent, l'oppriment, ou lui font infliger un changement de résidence.

Quant au rentier qui jouit d'une complète indépendance, est-il heureux?

Hélas! il s'ennuie, et, pour lui, ne savoir comment tuer le temps, est un souci cruel.

Ah! l'homme est né pour le labeur.

On se lasse de tout excepté de travail, et de tous les travaux ceux qui valent le plus pour le corps et pour l'âme, sont ceux des champs.

LES MOYENS DE RECONNAITRE LES EXCÈS DE TRAVAIL.

Dans la *Réforme agricole,* le docteur Paitet s'exprime à peu près ainsi sur les excès de travail :

Comme, très-communs dans les campagnes, les excès de travail deviennent pour les cultivateurs une puissante cause de maladies, fixons leur attention sur les dangers qui s'ensuivent, puis posons un jalon qui leur permette de distinguer les limites à ne pas franchir.

Le jalon dont il s'agit réside dans l'apparition de troubles fonctionnels du côté de l'estomac, sur lequel retentissent infailliblement les fatigues corporelles portées à l'exagération.

L'état de souffrance de l'estomac, consécutif à des exercices immodérés, est un fait indubitable.

On peut, tous les jours vérifier ce fait, non-seulement sur l'homme, mais encore sur les animaux domestiques.

Est-il une personne qui n'ait eu l'occasion d'observer sur elle-même une diminution plus ou moins prononcée de l'appétit, après une marche forcée, par exemple?

Les cultivateurs ne voient-ils pas fréquemment certaines

bêtes de labour attaquer moins vivement leur ration après une tâche laborieuse, et bientôt dépérir, si l'on ne restreint pour elles le nombre et la durée des corvées !

Accusés à tort d'avoir un mauvais estomac, ces animaux sont, en réalité, des travailleurs insuffisants, parce qu'ils subissent plus facilement que les autres, l'influence des fatigues sur l'appétit.

Une fois admis que le travail corporel exagéré altère les fonctions de l'estomac, il devient évident que les premières traces de souffrance de cet organe indiquent la nécessité du repos.

Quelque fortes et prolongées que soient les dépenses en forces physiques, elles restent sans danger, aussi longtemps que l'intégrité de l'appétit permet l'ingestion d'une quantité d'aliments proportionnelle aux forces déployées.

Alors la recette équilibre la dépense.

Or l'équilibre observé est indispensable au maintien de la santé.

Mais quand, loin d'augmenter avec le travail, l'appétit tend à disparaître, il est urgent de suspendre ou de limiter les occupations.

Désormais on ne doit pas s'imposer la même somme de fatigue.

L'estomac ne pouvant pas digérer une dose d'aliments en rapport avec les pertes éprouves par le corps, celui-ci use sa propre substance, et tombe dans un affaissement qui compromet la vie.

En effet, la résistance aux causes morbides d'affaiblissement diminue à mesure que l'économie s'appauvrit.

Les maladies aiguës s'établissent plus aisément, et elles revêtent une gravité d'autant plus grande, que les ressources des malades sont plus épuisées.

La recrudescence des affections aiguës, en automne, vers la fin des ouvrages, et la fréquence des terminaisons fatales résultent surtout de l'appauvrissement de l'économie chez les cultivateurs qui, poussés par la multiplicité des travaux de la saison, dépensent une activité sans rapport avec leur appétit.

S'il ne survient pas d'accidents aigus, c'est une dyspepsie qui prend naissance.

La ténacité de celle-ci désespère le malade, et sa conséquence est souvent une fin prématurée.

On ne doit donc pas hésiter à prendre du repos, dès que la

diminution de l'appétit annonce que la limite hygiénique est franchie.

LES TRAVAUX DE SALUBRITÉ.

Pour les masses comme pour les individus, la salubrité est la vie.

L'air pur, sans lequel elle n'est pas, est le premier des aliments et des médecins.

Aussi l'homme ne vit-il pas longtemps sous le climat et dans la demeure insalubres.

En ce moment, la cité qui commence à le sentir, se montre travaillée d'un immense désir de transformation matérielle.

La prospérité générale aidant, qu'elle poursuive résolument son œuvre !

Qu'elle embellisse la rue !

Embellir est rendre propre et assainir.

Qu'elle se donne de grandes et larges artères !

Qu'elle remplace la masure par la maison confortable !

Qu'elle éloigne de son sein les immondices !

Qu'elle institue des lavoirs publics !

Que chaque quartier ait sa fontaine !

Qu'elle offre une eau claire et saine à chaque ménage !

La propreté étant la leçon préparatoire de la vertu, qu'elle rende le bain peu dispendieux !

Si elle le fait, la campagne habituée à prendre son attache, l'imitera.

L'habitation, le grenier, la cave, l'écurie, le réduit et la basse-cour seront transformés à leur tour.

Le marais sera desséché et l'étang supprimé.

Le champ sera drainé.

Les lieux élevés se couvriront de végétaux ligneux.

Les fumiers deviendront invisibles.

Les maladies de l'homme et des animaux seront moins nombreuses, moins fréquentes et moins graves.

La vie moyenne s'allongera.

Changée en continuelle providence, la matière putréfiée ne concourra plus qu'à la fertilisation du sol, son récipient naturel.

Un surcroît de salubrité en amènera un de bien-être et d'aisance.

Bien plus, la moralité publique s'améliorera.

En effet, qu'est-ce qui, physiquement, distingue le patricien du plébéïen, si ce n'est l'aspect ?

Ici, au reste, les chiens donnent une grande leçon.

Ils attaquent avec fureur l'homme déguenillé.

Le Chaulage des Grains.

LE CHAULAGE PAR LA CHAUX.

Pendant les semailles, le semeur est plus ou moins sensiblement atteint de toux, de coriza, de suffocation, de maux d'yeux, etc.

Les affections sont passagères, il est vrai, mais ajoutées au battage en grange, au balayage des greniers et au vannage, elles sont capables de déterminer de graves maladies.

LE CHAULAGE PAR LE SULFATE DE CUIVRE OU VITRIOL BLEU.

Pour échapper aux effets nuisibles du chaulage précédent, le cultivateur court tomber de Charybde en Scylla.

Il a recours au sulfate de cuivre.

Hé bien, le moindre frottement désagrége la substance en particules bleuâtres se réduisant rapidement en poussière impalpable qui forme un poison très-actif.

Transporté de la ville au village, elle souille les poches, les sacs et les paniers.

Déposée dans une armoire, elle répand sur tout sa poussière.

Pendant le chaulage, elle expose le manipulateur aux vapeurs acides de la dissolution qui ne fait qu'ajouter à un mal, un plus grand mal, en pénétrant dans tous les pores des mains.

Le chaulage et l'ensachement des semences ne peuvent guère avoir lieu sans perte de graines qui, en tombant sous le bec de la volaille, la font périr.

Enfin, sous cent formes différentes, la vapeur délétère nuit aux organes des plantes, à ceux du laboureur, et même à la salubrité publique.

LES ÉLÉMENTS NON INSALUBRES DE CHAULAGE.

Voici les substances qui paraissent pouvoir remplacer d'une manière salubre, et jusqu'à un certain point, celles qui viennent d'être jugées :

Fiel de bœuf, aloès, goudron de Norwége, et sulfate de soude.

LA VIPÈRE.

Quel est le cultivateur qui n'a pas vu son pâtre accourir à la ferme, pour annoncer qu'un de ses animaux a été mordu par la vipère ?

Quel est le chasseur auquel son chien, blessé par celle-ci, n'a pas demandé, en criant, du secours?

Quel est le moissonneur qui ne l'a pas liée dans ses gerbes?

Quel est le laboureur ou le campagnard qui n'a pas rencontré devant lui un effrayant groupe arrondi, reflétant au soleil de vives couleurs grises, ardoisées, rouges, vertes et jaunes, et surmonté d'une multitude de têtes aplaties et triangulaires avec gueules entr'ouvertes, desquelles sortent des langues fourchues et un sifflement aigu qui porte, en paralysant ses pas, le frisson dans la moelle épinière ?

L'objet de la rencontre est un frai de reptiles de toutes sortes, réunis pour la copulation, et sur lesquels il ne faut pas tirer sans fuir tout aussitôt.

Parmi ces reptiles, il en est de bénins.

C'est dire qu'il y en a de dangereux qui sont les vipères.

Il existe en France trois espèces de vipères dont l'organisation est la même, et qui sont la rouge, la noire, et la grise cendrée dite *commune*.

En conséquence, nous ne décrirons que celle-ci.

Sa longueur est de 50 à 60 centimètres.

Sa couleur est un gris cendré luisant, avec une bande dorsale brune en zigzag, et des taches de même couleur sur les côtés.

Toutes ses écailles ont une arête dans le milieu, excepté celles des deux rangées latérales.

On lui compte environ 155 plaques couleur d'acier, sous le ventre, et de 50 à 40 demi-plaques semblables, sous la queue.

Plus large que son corps, sa tête est couverte d'écailles pareilles à celle du dos.

Elle s'élargit, dans la colère, en s'aplatissant.

A peu de distance du museau est une petite raie transversale noire.

Derrière la tête on voit deux autres raies très-écartées, et au dessus de chaque œil, une bande de même couleur se prolonge assez loin.

Ses yeux sont vifs.

Très-molle, sa langue fourchue est susceptible d'une grande extension.

Chaque mâchoire est pourvue de deux rangées de petites dents à peine capables d'entamer la peau.

Mais la supérieure a deux crochets mobiles de l'avant à l'arrière, articulés à l'os maxilaire, et creusés par un canal s'ouvrant, d'un côté sur une vésicule pleine d'une liqueur vénimeuse, et de l'autre côté un peu au-dessous de la pointe, en dessus.

Dans l'état ordinaire, ces crochets sont cachés dans le muscle entourant leur base.

Mais voulant en faire usage, la vipère les redresse; leur introduction dans un corps quelconque comprime la vésicule à venin, et celui-ci fluant aussitôt dans le canal dentaire, s'introduit dans la plaie.

Il agit en détruisant l'irritabilité de la fibre musculaire, et en portant dans les fluides un principe de putréfaction.

Il n'est constamment mortel que pour les petits animaux.

Les gros animaux et l'homme peuvent en mourir.

Mais en apportant un prompt remède, on paralyse l'action du venin.

Les effets de la morsure sont une douleur aiguë dans la plaie dont les bords s'enflent et rougissent.

L'enflure gagne les parties voisines, et tout le corps en est affecté.

Viennent alors un pouls fréquent et irrégulier, des sueurs froides, des soulèvements d'estomac, des mouvements convulsifs, et parfois le dernier terme de la gangrène, c'est-à-dire la mortification de quelques parties du corps.

Enfin la plaie rend de la sanie, et l'on souffre longtemps et horriblement.

Les sudorifiques incisifs sont de puissants moyens de guérison.

Quant aux trois médications suivantes, elles sont promptes et infaillibles.

Faire, s'il est possible, une ligature au-dessus de la plaie.

Débrider celle-ci avec un bistouri, la faire saigner par la pression des lèvres, verser dessus des gouttes d'alcali volatil, et la couvrir d'une compresse imbibée du même liquide.

Ensuite donner au malade un verre rempli d'une eau à laquelle on aura mêlé un peu d'alcali.

N'ayant pas d'alcali, avoir soin, après la ligation précitée, de cautériser la plaie.

Les sauvages procèdent d'une manière beaucoup plus simple.

Ils sucent la plaie, et l'opérateur n'a plus rien à craindre, s'il n'a pas d'aphtes dans la bouche ou de pustules aux lèvres.

Tels sont à peu près les termes dans lesquels M. Suffit-Damitte, de Sully, parle de la vipère.

L'EAU AU POINT DE VUE DE LA SANTÉ DES ANIMAUX.

Le docteur Blatin s'exprime à peu près ainsi, à propos de l'eau, au point de vue de la santé des animaux.

Limpide et fraîche, l'eau ne doit renfermer qu'une proportion très-faible de matières solubles, et surtout de celles qui lui donneraient une saveur désagréable, salée, fade ou douceâtre.

Il importe aussi qu'elle contienne en dissolution une quantité suffisante d'air ou d'oxygène.

L'acide carbonique, loin d'en altérer la qualité, lui donne une vertu légèrement stimulante.

L'eau de source, celle des rivières et celle des ruisseaux offrent en général de bonnes conditions de salubrité.

Mais celle de certains puits est fortement chargée de sels calcaires qui la rendent d'une digestion difficile.

Quant à celle des mares, dont nous allons nous occuper spécialement, elle est des plus nuisibles, par suite de la routine ou de l'ignorance de nos populations agricoles.

Dans beaucoup de villages, une mare commune sert d'abreuvoir à tout le bétail qui, en la traversant, remue la vase et y adjoint des déjections.

Les oies et les canards s'y ébattent.

Les immondices du ruisseau s'y mêlent, et s'il y a dans la commune un animal mort, on l'y jette.

Voyez, sur les bords, cette boue infecte, et sur l'eau, cette couche irisée ou verdâtre qui flotte épaissie par la poussière et feutrée par la mousse, ces plumes et et ces matières légères que le vent accumule.

C'est là que nos pauvres animaux étancheront leur soif.

La mare sert en outre au lavage des ustensiles de cuisine, et trop souvent reçoit d'un terrain en pente le jus du fumier.

Dans ces conditions, elle est une cause, pour tous les animaux, d'empoisonnement, et pour les vaches, d'avortement.

L'accumulation de la vase n'est pas moins nuisible.

Elle contient des animalcules, et des débris animaux et végétaux dont la fermentation donne lieu au dégagement de gaz délétères.

Agité par le piétinement des bêtes, tout cela est absorbé par celles-ci, pour leur malheur.

C'est surtout pendant les mois chauds de l'année que l'altération de ce breuvage nauséabond devient un danger permanent pour la santé des animaux.

Alors les sources sont taries, et les bêtes n'ont plus guère que du limon infect à boire.

Aussi, dans les années de sécheresse, en voit-on périr des troupeaux entiers.

Des reboisements nombreux, des aménagements bien entendus et de judicieux travaux de drainage préviendront, il est vrai, un jour, les épizooties.

Mais tout cela ne s'improvise pas, et, en attendant, l'agronomie doit indiquer les moyens les plus simples de prévenir le tarissement des abreuvoirs, et de conserver à l'eau les qualités d'une boisson salubre.

Le bétail n'en profitera pas seul.

Disons d'abord un mot des puits.

Si l'eau qu'ils fournissent cuit mal les légumes et dissout difficilement le savon, ce qui trahit la présence d'un sel calcaire, ajoutons-y une petite quantité de carbonate de potasse ou au moins de cendres de bois.

Ce sera la rendre moins crue et plus digestible.

En la puisant à l'avance, et en l'agitant dans une auge, aérons-la, et rendons sa température moins basse, dans les temps chauds.

Ainsi préparée, elle sera sans danger pour les gens et les bêtes en sueur.

Evitons toutefois de la donner trop attiédie par le soleil.

Elle serait désagréable et débilitante.

Débarrassée de ses impuretés par le repos, ou par la filtration à travers des couches de gravier ou de sable, l'eau pluviale est la plus salubre.

Recueillons-la comme celle des sources, avec le plus grand soin.

Abritons-la contre les rayons solaires, et, en un mot, contre toute cause d'altération.

Creusant un réservoir, ou utilisant une dépression de terrain, rendons-en le fond et les côtés imperméables.

Ici, l'asphalte, le ciment et le béton conviennent.

Cependant ils sont moins sous la main du cultivateur que la chaux ou l'argile, à l'aide de laquelle on pave le fond qu'ensuite on recouvre de cailloux et de gravier, en se réservant d'appliquer aux côtés un revêtement.

L'emplacement doit être choisi de manière à ne pas avoir d'infiltration à craindre.

Prenons soin de l'entourer de fossés afférents que nous nous creuserons dans toutes les directions d'où peut venir une eau pure.

Cela fait, comblons les fossés avec de grosses pierres auxquelles nous superposerons, d'abord des cailloux, puis de la terre perméable.

Cela constituera un filtre qui, retenant les feuilles et les autres débris, versera dans le réservoir une eau limpide.

On connaît la puissance d'absorption que le charbon de bois possède pour les gaz.

En en mêlant, dans de certaines proportions, au gravier que l'eau traverse pour arriver à la mare, on prévient la fermentation putride.

En en déposant dans l'eau à conserver saine, on la prévient également.

Le noir animal, dont quelques kilogrammes suffisent, vaut encore mieux que le charbon de bois.

Curons ultérieurement la mare.

Tenons-la entourée d'une abondante végétation.

Si nous le pouvons, couvrons-la entièrement.

En effet, la privation de la lumière est un obstacle à la production de la matière organique.

Elle en est même un au développement des plantes aquatiques qui flottent à sa surface.

Le bétail pouvant avaler les cantharides qui tombent des frênes, lilas, etc., qui ombragent la mare, on devra enlever tous ces coléoptères.

Entendez-vous, messieurs les maires ?

Ayant entendu, faites connaître à son de caisse, l'excellente étude dont je vous offre la substance, et vite transformez la mare de la commune.

Le maire est, il est vrai, le monarque réduit à sa plus simple expression.

Mais avec de l'intelligence, du cœur et de la tête, il peut, du coin obscur qu'il éclaire, illuminer toute la France.

LE PANSAGE.

Le pansage est l'ensemble des opérations pratiquées sur la surface du corps d'un animal, dans le but de conserver à la peau et au pourtour des ouvertures naturelles, toute leur liberté fonctionnelle.

En suscitant la propreté à la surface du corps, il entretient la santé de l'animal.

S'il fait défaut, la peau se recouvre de produits étrangers, dont les uns sont sécrétés par la peau, et dont les autres sont soit des poussières, soit des parasites.

Ces produits, en s'accumulant sur la peau, exercent un double effet, qui est d'intercepter la transpiration et de provoquer des affections ayant principalement leur siége dans l'appareil respiratoire.

De son côté, la sueur, en s'évaporant, laisse à la surface du corps, entre autres matières, des produits salins dont le mélange avec la matière sébacée, les détritus épidermiques, etc., forme sur la peau une couche pour ainsi dire imperméable.

En outre, les substances étrangères rassemblées sur la peau y excitent un prurit qui, fatigant pour l'animal, force celui-ci à se frotter contre les corps durs.

Or ces frottements sont assez vite suivis de la dénudation du derme et de la formation de plaies.

Sous leur action forte ou permanente surviennent des accidents nerveux, tels que convulsions ou graves phénomènes de réflexion.

Si l'animal ainsi négligé, et, par suite, ainsi tourmenté, subit des déperditions plus ou moins considérables, il demande naturellement plus de nourriture pour s'entretenir.

En effet, chacun sait que bête bien pansée est à moitié nourrie, ou que jeu de l'étrille vaut picotin d'avoine.

Par exemple, certaines affections dartreuses sont dues à des parasites du règne végétal, dont l'évolution est facilitée par l'obscurité.

Ces parasites ne se trouvent guère que sur les bêtes malpropres, chez lesquelles ils se développent à la surface de la peau.

Quant aux poux, sarcoptes, etc., ils créent la gale, en se creusant des sillons dans l'épiderme.

Le pansage prévient tous ces accidents.

Ensuite il rend les animaux plus dispos et plus gais.

On pourrait objecter qu'à l'état de nature, les animaux ne sont pas pansés.

Mais, libres, ils ne sont ni nourris, ni emprisonnés, ni attelés, ni montés, ni tondus par l'homme, leur tyran.

Ils se roulent sur le sable, sur la terre durcie et sur l'herbe, ou bien se baignent.

Ils se frottent contre les arbres et les rochers.

Les vicissitudes atmosphériques les protégent.

Enfin, les vents et les pluies les rafraîchissent et les lavent.

LE FERRAGE DES CHEVAUX.

Un excellent cheval est souvent mis hors d'usage par un ferrage mal entendu.

La plupart des maréchaux ferrants appliquent à chaud aux pieds des poulains de 3 à 4 ans, ferrés pour la première fois, des fers lourds et à hauts crampons.

Ensuite, croyant beaucoup faire pour la forme, ils râpent le bord qui dépasse le fer.

Ils font ainsi un grand tort au sabot.

En effet, lourds, les fers affaiblissent les pieds, et, rouges, dessèchent les sabots qu'en même temps le râpage expose à l'action délétère de l'eau, de l'air, des boues, etc.

Les maladies les plus fréquentes des chevaux ont leur siége dans les pieds et les jambes, et la chaleur produite par le fer chaud en est une des principales causes.

Dans les écoles vétérinaires de l'Allemagne, on apprend aux élèves auxquels le ferrage à rouge est interdit, à former le fer conformément à la forme du sabot, au lieu de façonner le sabot d'après la forme du fer.

(Bulletin de la Société protectrice des animaux.)

L'ÉCURIE.

Le premier soin est de faire en sorte que l'air se renouvelle facilement dans l'écurie.

Pour changer l'air, il ne suffit pas d'ouvrir de temps en temps une porte ou une fenêtre.

C'est un courant d'air qui purifie momentanément l'atmosphère, mais qui expose les chevaux à un refroidissement dont les suites peuvent être graves.

Il faut donc préférer les ventilateurs.

On sait qu'un cheval vicie, en une heure, dix mètres cubes d'air.

On sait aussi que la température d'une écurie ne doit pas varier au-delà de dix degrés au-dessous et de seize degrés au-dessus de zéro.

Avec des ventilateurs bien construits, on arrive à renouveler suffisamment l'air corrompu, soit par la respiration des animaux, soit par les émanations de l'écurie, et à maintenir la température à un degré convenable.

On fait une trouée au plafond.

On y adapte, enduit d'une enveloppe de terre glaise, un tube dont l'orifice inférieur excède de plus du double l'orifice supérieur, et qui, traversant le grenier à fourrage, dépasse le toit de 50 à 60 centimètres.

On couvre le tube d'un chaperon destiné à empêcher la pluie de tomber dans l'écurie.

Les écuries doivent toujours être plafonnées, afin que les émanations du fumier n'altèrent pas les fourrages placés à l'étage supérieur.

Les voûtes en pierre entretiennent une trop grande fraîcheur pendant l'été.

On fait en briques des voûtes qui remplissent toutes les conditions favorables.

L'aire de l'écurie a besoin d'être plus élevée que le sol inférieur.

D'ordinaire, c'est le contraire qui a lieu, et de là, des écuries humides.

En général, l'aire doit être ferme et imperméable.

On se contente habituellement de battre la terre mélangée d'argile et de débris de chaux.

D'autres pavent ou se servent de béton.

Quelques-uns font un plancher.

Ce qu'il y a de meilleur est un pavé de bois.

Pour faire valoir un cheval, le maquignon place celui-ci sur un terrain en pente, et de telle façon que le train de devant soit plus élevé que celui de derrière.

Il force ainsi l'animal à se camper, et c'est la pose la plus favorable.

En élevant démesurément l'aire du côté de la mangéoire, on a pris l'habitude de donner aux chevaux cette posture forcée.

Une pareille pente facilite, il est vrai, l'écoulement du purin, mais la station dans cette attitude fausse les aplombs du cheval qu'en outre elle déforme et use très-vite.

En effet, à la longue, la pente exagérée du sol est un supplice pour l'animal attaché à la mangeoire.

Chez les juments, elle peut entraîner l'avortement.

L'art vétérinaire ne veut pas, sur la longueur de trois mètres nécessaires à un cheval, d'une pente de plus de quatre centimètres.

Dans les fermes bien tenues, l'écurie est, tous les ans, peinte à la chaux.

Les abat-foin sont des trous pratiqués dans le plafond supérieur, soit au dessus des mangeoires, soit dans une autre partie de l'écurie, et par lesquels on jette aux animaux la prébende quotidienne.

Ils doivent être supprimés, car ils salissent ceux-ci, et en mêlant de la poussière à l'air qu'ils respirent, amènent de graves lésions de l'appareil pulmonaire.

Enfin il convient d'arrondir les angles des constructions intérieures, et de supprimer toute saillie aiguë susceptible de blesser les chevaux.

(Magasin Pittoresque.)

LA STABULATION DE L'ESPÈCE BOVINE (d'après le baron Peers).

Le bétail n'est pas seulement l'instrument principal de toute exploitation rurale.

Il en est la cause essentielle.

Il est la base fondamentale de tout progrès.

Sans lui il n'y a point d'engrais, et, sans engrais, point de récoltes.

Ce fait élève l'hygiène à une grande hauteur, et l'érige en puissance.

Sans doute l'hygiène est un simple détail.

Mais dans la tenue du bétail, rien ne demeure isolé.

Une partie est inséparable des autres, et conduit à l'ensemble.

Retenir le bétail à l'étable n'est ni l'enfermer dans un bouge infect, ni le mettre au pain sec et à l'eau dans une étroite prison.

C'est le loger à l'aise, sainement et confortablement.

C'est le nourrir assez bien pour que la dépense devienne productive et profite aux vues du détenteur.

C'est l'entourer de tous les soins utiles à son développement fécond, à sa destination spéciale, à sa conservation, et même à son perfectionnement.

C'est obtenir tout ce que sa riche nature promet à qui sait lui demander tout ce qu'il est capable de donner.

Alors il devient un précieux contribuable.

Qui le gouverne avec sollicitude et le soumet à des lois douces prélève toujours sur lui un facile et large impôt.

Administré reconnaissant et libéral, mieux il est traité, mieux il paie.

Sous tout autre régime, il change.

Tenu dans un servage avilissant, il perd et se dégrade.

C'est en vain qu'on le pressure, si on lui refuse le vivre, le couvert et les soins, si, le taillant à merci, on ne répare pas ses pertes, et enfin si on le maltraite.

A qui lui donne peu il rend peu.

A qui ne lui donne rien il n'a rien à rendre.

(L'Agriculteur praticien.)

LA CONSTIPATION DE L'ESPÈCE BOVINE.

Dans *l'Agriculteur praticien*, et à propos de la constipation du bétail, M. Berner s'exprime à peu près ainsi :

Causée par une digestion laborieuse, la constipation se présente fréquemment.

Elle se produit surtout en hiver, parce que la nourriture de cette saison est plus sèche et plus difficile à digérer que la nourriture d'été.

Les animaux perdent peu à peu l'appétit.

Ils mangent et ruminent avec lenteur.

Peu abondantes, leurs déjections sont dures.

Si la maladie fait des progrès, ils gagnent des frissons de fièvre, tremblent et deviennent sujets aux alternatives de froid et de chaud.

Le pouls bat avec plus de force que de coutume.

L'appétit et la rumination finissent par disparaître entièrement, et les animaux cessent de fienter, ou bien fientent avec une grande difficulté.

Ce n'est qu'à partir de ce moment que l'état maladif se déclare dans toute son étendue, et avec les signes caractéristiques qui lui sont propres.

La nourriture contenue dans l'estomac subit la fermentation putride.

Ce travail donne naissance à des gaz d'une odeur infecte et produisant le gonflement de la bête.

C'est alors que, le mouvement du contenu de l'estomac et des boyaux cessant, la constipation a lieu.

Les animaux qui se trouvent dans cet état sont faciles à reconnaître, tant par le volume excessif qu'ils ont subitement acquis que par leurs allures.

Ils sont raides, lents à la marche, et se balancent sur les pieds de derrière.

De plus, l'haleine est courte et entrecoupée.

Cela provient indubitablement de l'expansion de l'estomac qui, étant rempli à l'excès, empêche le jeu des poumons et la liberté de la respiration.

Quand, par suite d'un bon traitement, l'état du patient s'améliore, le ventre devenu plus libre diminue de volume.

L'appétit et la rumination reviennent, et les excrétions se produisent de nouveau.

Dans le cas contraire, il y a mort au bout de 6 à 10 jours.

En faisant un bon remède, en temps opportun, on sauve ordinairement l'animal.

Mais si l'on a recours à une médication inefficace, ou si les soins viennent après cessation des fonctions digestives, la constipation peut entraîner la mort.

Les animaux les plus exposés à la constipation sont ceux dont les organes digestifs sont faibles.

Les causes extérieures les plus ordinaires de cette maladie résident dans la nourriture.

Des aliments durs, secs et difficiles à digérer, comme beaucoup de paille, du foin moisi, de vieux fourrages, etc., sont autant de causes de constipation.

Les mêmes effets résultent aussi du manque de breuvage, de breuvages malsains, d'une alimentation trop abondante, et du refroidissement causé par l'incorporation de boissons glacées.

On peut, en attendant le vétérinaire qu'on doit tout aussitôt mander, administrer une décoction de graine de lin où l'on a fait dissoudre du sel de Glauber.

A cet effet, on prend un quart de litre de graine de lin qu'on fait bouillir dans quatre litres d'eau; on passe le mélange à l'aide d'un linge; on ajoute au liquide un quart de kilogramme de sel de Glauber, et la préparation est administrée, à la dose de trois quarts de litre.

L'EMPISSAGE DES VACHES.

La torture désignée sous le nom d'*empissage* consiste à laisser séjourner le lait dans le pis, pendant au moins 24 heures, et à serrer le bout des trayons par un lien circulaire, dans le but d'empêcher le liquide de s'échapper.

Il résulte de cette abominable supercherie un gonflement excessif du pis et des mamelles, une gène extrême et une grande douleur.

La vache est triste, marche avec peine, et semble supplier qu'on la soulage.

Aussi, le marché conclu, la plus difficile à traire se prête-t-elle à la mulsion.

Si l'état de plénitude du pis se prolonge trop, celui-ci devient rouge, tendu et douloureux au toucher.

On ne tire plus le lait qu'avec difficulté.

Une inflammation survient malgré la traite, et quand la vache arrive à destination, le peu de lait qu'elle donne est altéré, et mélangé de sang et de sérosité muqueuse.

Bref, la bête est malade, et quelquefois tarit.

(Bulletin de la Société protectrice des animaux.)

AVANT, PENDANT ET APRÈS LE VÊLAGE.

La plupart des accidents qui accompagnent ou suivent le vêlage sont occasionnés, soit par la négligence, soit par les pratiques routinières des gens de la campagne.

A l'approche du part, on se gardera d'augmenter la provende en fourrage.

Le fourrage nourrit peu, se digère difficilement, et rend, par sa masse, l'accouchement difficile ou dangereux.

Après la mise-bas, les bêtes peuvent périr des suites d'une indigestion alimentaire, dont les soins les plus grands et les remèdes les plus énergiques triomphent rarement.

Pour que le part soit facile, l'estomac doit être libre de toute entrave sérieuse, et ne guère contenir que des aliments liquides ou mi-solides, et, sous un petit volume, suffisamment substantiels.

Il faut donc, dans les derniers jours de la portée, donner aux vaches une provende nourrissante.

Il faut, en même temps, leur distribuer cette provende par petites portions souvent renouvelées.

Ce sera faciliter la digestion, et ne pas distraire la matrice de l'énergie et de la force qu'exige la sortie du veau.

Dans les huit derniers jours de la portée, on salera utilement la nourriture.

Toute vache qui va vêler ne veut être ni gênée, ni tourmentée.

Elle doit être convenablement isolée de ses compagnes, et fournie d'une bonne litière.

Le veau présente d'habitude la tête plus souvent accompagnée des pieds de devant que de ceux de derrière.

Dans ces deux positions, il est placé sur le ventre ou sur le dos.

Dans l'un et l'autre cas, sa position est naturelle, et le plus souvent l'accouchement s'opère par les seuls efforts de la mère.

Toutefois, il est au moins utile, dès que le part s'annonce par les poussées de la mère, qu'une personne intelligente s'assure, avec un bras huilé, de la position du petit.

Dans le cas de l'une ou de l'autre des positions précitées, on ne doit pas se presser de tirer le veau du sein de sa mère.

Au contraire, il faut attendre patiemment, c'est-à-dire abandonner l'opération à la nature qui, le plus souvent, amène seule la sortie du fœtus.

Or l'aide intempestive et précipitée de l'homme mutile le fœtus, et compromet la vie de la vache et du petit.

Cependant si les efforts de parturition étaient impuissants, voici comment on procéderait.

Pour aider à la mère, on saisirait l'un après l'autre les membres du veau, sur lesquels on exercerait des tractions régulières et sans secousses.

Nous disons *régulières et sans secousses*, parce que les tractions de l'espèce doivent, sous peine de danger, concorder avec les poussées.

Toute manœuvre sur le petit a besoin de cesser dès que la mère ne pousse plus.

Dans les intervalles de repos, pour provoquer les poussées ralenties ou finies, et, par suite, pour hâter le part, on bouchonne le ventre de la vache.

On fera bien aussi d'huiler de temps en temps le pourtour et l'intérieur de ses parties naturelles.

Les tractions à faire sur le veau s'opèrent un tant soit peu vers le haut, c'est-à-dire, dans le sens du dos de la mère.

La tête et la pointe des épaules une fois sorties, on tire un tant soit peu vers le bas jusqu'à sortie complète du petit.

Pour prévenir de grands dangers, on évite de tirer vers le veau les peaux qui l'accompagnent.

Si le travail de la mise-bas se prolongeait, et si la mère était vieille ou fatiguée, quelques morceaux de pain noir bien rassis et donnés de temps à autre, dans les intervalles de repos, relèveraient ses forces.

On ne peut trop blâmer la funeste habitude de piquer ou d'ouvrir les vessies pleines d'eau qui s'offrent parfois en dehors des parties.

Cette piqûre est pratiquée sous le vain prétexte de faire respirer le veau.

C'est une opération qui retarde ou empêche la délivrance, si elle ne la rend dangereuse.

Le veau n'offrant pas l'une ou l'autre des positions sus indiquées, la présence de l'homme de l'art est nécessaire, car le cas pourrait devenir sérieux.

On ne doit ni tenter des manœuvres, ni tarder trop longtemps à suivre notre conseil.

En effet, dès qu'une grave imprudence a été commise, ou que la mère a épuisé ses forces en efforts impuissants, tout secours devient inutile.

L'accouchement terminé, on place le veau bien séché sur un lit de paille, et on le couvre bien.

On lui fait boire le premier lait de la mère.

Ce remède prévient chez lui la constipation et les coliques dont tant de veaux périssent.

Bien couverte, la vache est laissée dans un état absolu de tranquillité.

Les boissons ou les breuvages qu'on lui donne, sous le prétexte de la réchauffer, sont d'un effet pernicieux, et, en d'autres termes, peuvent amener la fièvre et des inflammations mortelles.

C'est surtout sur les jeunes mères que ces mélanges incendiaires ont une fatale influence.

De trois à quatre heures après la mise-bas, on peut offrir à la vache un mélange d'eau tiédie et d'un peu de farine, trois ou quatre fois le premier jour, et, s'il en est besoin, un peu plus souvent le lendemain.

Cette boisson adoucissante et nourrissante devra exclure, pendant 48 heures, toute alimentation solide.

La paille donnée même modérément, ne peut être un peu permise que dès le troisième jour.

Immédiatement après le vêlage on trait la mère.

Il va sans dire qu'avant le vêlage, elle doit être traite à fond, alors seulement qu'elle présente des mamelles engorgées, rouges et douloureuses.

Dans ce cas, celles-ci sont, soit lavées avec du lait pur et tiède, soit ointes de saindoux frais.

On fait, soit un nœud, soit deux nœuds à l'arrière-faix.

C'est, pour le cas où il viendrait à toucher terre, empêcher la mère d'amener de graves accidents, en le foulant du pied.

D'ordinaire, le jour ou le lendemain du vêlage, il se détache de lui-même.

Si, au deuxième jour, il n'est pas tombé, on y attache un poids de 500 grammes, qu'au besoin, on double, le lendemain, et l'on bouchonne ventre et dos.

Si, à la fin du troisième jour, il n'est pas tombé, on mande le vétérinaire pour l'extraction.

Les étables ne seront pas tenues trop chaudes.

On les aérera, en évitant les vents coulis et les courants d'air.

Au quatrième jour du vêlage, on se mettra à graduellement augmenter la ration de paille, et à rendre la boisson plus abondante et plus nutritive, jusqu'à ce qu'on soit arrivé à la provende ordinaire.

Ainsi s'exprime à peu près, dans le *Journal d'agriculture progressive*, M. Pétry, artiste vétérinaire.

QUATRIÈME PARTIE.

Mélanges d'Économie agricole, morale, industrielle, commerciale et politique.

TOUTE SCIENCE EST UTILE DANS TOUTE POSITION SOCIALE.

Toute science, cher laboureur, est utile à toute occupation matérielle ou intellectuelle, et en mépriser une est laisser remarquer qu'on pourrait mieux valoir.

Appliquons le principe à ta profession où, au premier coup d'œil, il semble si facile d'exceller.

Hé bien ! il n'est pas une connaissance qui ne lui soit, sinon indispensable, au moins essentiellement utile.

L'*arithmétique* est une condition de tenue régulière de tes comptes.

Elle te met, à chaque instant, à même de te rendre raison de l'état de tes affaires.

Elle prévient, dans l'exploitation du sol, une cause capitale de ruine : le manque de comptabilité.

Avec la *géométrie,* tu arpentes tes champs, nivelles tes terres, et apprécies le coût de tes terrassements.

Grâce à son aide, tu détermines la capacité de tes récipients et le volume de tes masses de produits.

L'*algèbre* te fournit fréquemment des formules qui, dans les cas difficiles, t'épargnent des calculs d'une longueur excessive.

Le *dessin* te permet de dresser un plan de construction d'une maison ou d'une machine.

La *physique* te révèle que les courants électriques des nuages trouvent dans les corps élevés, dans les arbres, par exemple, des conducteurs vers le sol où tu aurais placé des meules de céréales ou de fourrages.

La *chimie* t'entretient du besoin qu'a la terre d'être aérée par le labour, et fécondée par les gaz de l'atmosphère.

Elle constate que ton eau est salubre ou insalubre.

Elle te montre des gîtes de substances minérales fertilisantes.

Elle s'oppose à l'évaporation de l'âme de tes fumiers : l'ammoniaque.

La *géologie* met sous tes yeux la stratification du globe.

Elle t'apprend comment se sont formées la montagne que tu gravis, et la plaine que tu laboures.

La *minéralogie* se joint à la chimie et à la géologie pour t'indiquer les espèces de terres et leurs propriétés.

Elle te présente les compositions de sols les plus favorables à telle ou telle production.

La *géographie* t'offre le moyen de faire, par la pensée, le tour du monde.

Elle expose les usages et les découvertes agricoles des autres peuples.

L'*astronomie* te fait participer par l'intelligence aux grandes harmonies de la nature.

Que dis-je ? Elle fortifie en toi la foi religieuse.

En effet, c'est un être bien grand qui a fait les myriades de mondes dont l'astronome décrit la forme, calcule le volume et étudie les évolutions.

La *météorologie* explique les phénomènes qui se passent dans l'atmosphère.

Elle les annonce comme certains ou probables.

Or, en agriculture, les éventualités de vent, de pluie, d'orages, de grêle, de gelée et de neige sont grandement à considérer.

La *physiologie* t'initie aux mystères de la vie des animaux et des plantes.

L'*anatomie* te fait connaître la structure des êtres et des végétaux.

La *zoologie* s'occupe du règne animal dans ses espèces, et dans les propriétés naturelles de celles-ci.

La *botanique* est la zoologie appliquée aux végétaux.

L'*hygiène* prévient les maladies de l'homme et des animaux.

La *médecine* et l'*art vétérinaire* les guérissent.

Le *droit* t'enseigne ce qu'il t'est permis ou défendu de faire sous la législation à laquelle ton pays est soumis.

L'*économie domestique* assure la bonne tenue de ta maison.

L'*économie agricole* te fait beaucoup gagner avec peu de dépense.

L'*économie politique* se rend l'interprète de tes aspirations et de tes besoins.

L'*économie morale* fait l'honnête homme.

La *religion* purifie et élève l'âme.

Les *sciences historiques* peuvent illuminer la direction des affaires domestiques.

Les *sciences grammaticales* et *philologiques* donnent de la correction au langage et au style.

Elles facilitent l'étude des langues;

Elles constituent de faciles moyens de puiser dans les livres le plus possible d'utiles données;

De beaux *vers* nous font l'effet de la douce musique qui charme jusqu'au troupeau.

Enfin, une *littérature* qui n'offre que de riantes, de nobles, et de chastes images, repose, en faisant leurs délices, les esprits trop tendus par d'autres manières d'utiliser le temps.

URGENCE D'UN ENSEIGNEMENT AGRICOLE DANS LES ÉCOLES PRIMAIRES.

Nous ne concevons pas des antagonistes de l'enseignement agricole dans les écoles primaires, a dit, il y a déjà trois ans, un agronome dont j'analyse l'excellent plaidoyer, parce que la question, d'un intérêt de plus en plus palpitant, est plus que jamais à l'ordre du jour.

Nous comprendrions encore moins des opposants parmi ceux qu'effraie l'émigration rurale.

Ils craignent, disent-ils, un surcroît d'instruction susceptible de l'activer.

Mais on n'abandonne pas la profession que l'on connaît.

On aime tout état dans lequel on excelle.

Et d'ailleurs, dans les grands centres, de quelle utilité serait au déserteur de la campagne, l'instruction due au cours d'agriculture que nous sollicitons?

Le travail rural est d'autant plus lucratif et attrayant, qu'il s'accomplit avec plus d'intelligence.

En effet, tout le monde sait que le cultivateur ignorant végète et se rebute là où l'agriculteur habile s'enrichit.

L'enseignement professionnel proposé rattacherait assurément l'enfant des campagnes au lieu où il est né.

Bien plus, il le mettrait à même d'obtenir, par le travail des champs, l'aisance qu'adulte, il va chercher au milieu des populations urbaines.

L'attrait trompeur qu'offrent les villes, et les privations subies, à la campagne, par la paresse et l'ignorance, font émigrer les fils du laboureur.

Les jeunes insensés s'en vont à la recherche du bonheur qu'ils croient ne pouvoir trouver sous le toit paternel.

Autant dire qu'ils courent à l'humiliation, à la corruption et à la misère.

L'enseignement agricole est la seule digue à opposer à ce courant fatal.

Il permettrait, par l'accroissement de la richesse du sol, d'élever le prix du travail.

Il empêcherait l'émigration d'ailleurs réduite, d'avoir pour conséquence une excessive augmentation des salaires.

En d'autres termes, il donnerait à la production la possibilité de se mettre en rapport avec les frais de main-d'œuvre.

Les agriculteurs avancés, les économistes et les hommes d'Etat se préoccupent, non sans de graves motifs, de la diminution des bras dans les campagnes.

Un remède au mal devient urgent, et celui que nous venons recommander aura pour effet d'être efficace, sinon tout aussitôt, au moins un peu plus tard.

Le succès sera surtout certain là où la propriété est divisée.

Là, le petit fermier qui sait tout juste ce que savait un père ignorant, ruine son terrain, en cultivant comme celui-ci.

D'où il résulte que l'enseignement professionnel de l'agriculture peut seul porter la lumière au milieu des petits cultivateurs, lesquels manquent encore plus d'instruction que d'argent.

Aussi suffirait-il de leur apprendre les plus simples éléments du métier, pour leur procurer l'aisance par l'accroissement de la valeur du sol, comme pour arrêter l'émigration en train de rompre l'équilibre entre les diverses branches du travail national.

Appliquée dans plusieurs écoles primaires, par des instituteurs se dévouant spontanément, ou poussés par des chefs auxquels il n'y avait pas à résister, la mesure a réussi au-delà des généreuses espérances conçues.

Pourquoi, ajouterons-nous à cette argumentation à la fois éloquente et décisive, n'en serait-il pas de même partout où l'instituteur aurait à sa disposition les *Prédications agricoles* qu'en ce moment je termine ?

Au reste, faire de l'enseignement agricole est, comme le prouve cette publication, dès son début, faire de la morale.

Or, on sait quelle grandeur réserve à une nation la connaissance du devoir.

Pourtant, pendant l'expression d'un vœu aussi patriotique, que fait-on ?

On prépare des avocats, des notaires, des magistrats, des marins, des médecins, des ingénieurs, des industriels, des négociants, des fonctionnaires, des littérateurs, etc.

Il n'y a que des laboureurs qu'on ne prépare pas.

On autorise bien l'usage, dans les écoles, de petits catéchismes agricoles purgés ou non des demandes qui font des perroquets.

Mais, à l'école normale, les futurs instituteurs n'apprennent rien en la matière.

En outre, l'enseignement sollicité n'étant ni obligatoire, ni réglementé par un programme, bien peu de maîtres se sentent assez de lumière et de feu sacré, pour obéir au vœu le plus ardent du progrès.

Comme, depuis trente ans, ce vœu n'amène rien, on répondra que nous prêchons dans le désert.

Mais qui sait si ce n'est pas un peu pour avoir entendu un apôtre agricole, s'exprimer dans ce sens, que M. le préfet des Vosges vient d'approcher une allumette de la traînée de poudre qui attend une étincelle, en invitant les communes à affecter un terrain aux pratiques agricoles et horticoles de chaque école.

Que l'exemple du premier magistrat de ce département soit ou non suivi, préparez-vous, instituteurs, à bien répondre à l'attente du pays.

Ce sera demain, si ce n'est aujourd'hui, que l'enseignement agricole sera rendu obligatoire.

Nous voulons faire de vous des agronomes, des naturalistes, des gens de bon conseil pour l'homme des champs, et par suite, de dignes auxiliaires du pasteur; et plus vous nous lirez, plus nous vous aiderons à transformer les masses agricoles par les leçons professionnelles que nous vous conjurons de donner à l'enfance.

L'ENSEIGNEMENT AGRICOLE D'APRÈS M. DEZEIMERIS.

La culture maraîchère est portée, à Paris, à un si haut degré de perfection, qu'un jardinier tire d'un hectare, un produit brut de 50 mille francs.

A Montreuil, Fontainebleau et Thomery, chacun taille mieux le pêcher et la vigne que tous les professeurs en la matière.

Presque tout vigneron qui a le feu sacré, est maître dans son art.

En floriculture, les connaisseurs sont innombrables.

C'est donc l'agriculture où il y a tant de routine qui a le plus besoin d'un actif et fécond enseignement.

En effet, sur 25 millions de cultivateurs, à peine quelques centaines de mille ont été mis en jouissance des bienfaits d'une éducation libérale.

L'intelligence du reste, est condamnée à s'exercer dans un cercle d'idées extrêmement restreint, et toujours le même.

Pour lui, l'exemple des pères et la pratique du canton, composent tout l'ensemble de l'art.

Pour instruire le laboureur, à qui s'adressent donc les cours d'agriculture, nos cent sociétés savantes, nos centaines de comices, les livres et les journaux?

Ils s'adressent, dans les campagnes, à la classe éclairée et moyenne.

En Suisse, en Toscane et dans diverses contrées de l'Allemagne, il n'en est pas ainsi.

Là, on s'adresse à l'esprit, à l'instinct imitateur et à la volonté du petit cultivateur.

Un enseignement simple, substantiel et pratique, lui est donné par les pasteurs, par les instituteurs, et même par des apôtres agricoles.

Mise à sa portée, la science va le trouver, converse avec lui, voit ses engrais, ses champs, ses prés, ses silos, sa cave, ses greniers, etc., le nourrit, à la veillée, de bonnes lectures, et, s'il le faut, opère devant lui.

Aussi, les succès obtenus, ont-ils été rapides, innombrables et étonnants.

En vérité, je ne conçois pas pourquoi, en ce qui concerne l'enseignement agricole, on tâtonne depuis si longtemps avec tant de dépense et d'insuccès.

L'art d'instruire les populations rurales ignorantes, consiste en principes si simples !

En effet, pour obtenir presque aussitôt de nombreux et de grands résultats, il n'y a qu'à leur dire :

C'est à la quantité et à la qualité des engrais que sont subordonnées la quantité et la qualité des récoltes.

C'est à la quantité et à la qualité du bétail que sont proportionnées la quantité et la qualité des engrais.

C'est de la quantité et de la qualité des récoltes fourragères, que dépendent la quantité et la qualité du bétail, des engrais et des récoltes.

Enfin, les trois principes qui précèdent, sont résumés par celui-ci :

Ayez à tout le moins moitié de vos terres en prés.

La bonté du conseil est d'ailleurs démontrée par les deux faits suivants :

Les six départements qui cultivent le moins de fourrages, ont pour cinq millions de bestiaux, et récoltent deux millions d'hectolitres de blé.

Les six départements qui cultivent le plus de fourrages, ont pour 242 millions d'animaux, et récoltent 10 millions 200 mille hectolitres de blé.

Orateurs officiels, ajouterai-je à cette doctrine de M. Dezeimeris, voulez-vous en finir avec le vide et la stérilité de vos prédications ?

Mettez dans vos discours un peu de la substance de cette étude.

LES DISTRIBUTIONS DE PRIX AGRICOLES.

Que les récompenses décernées dans les grands concours restent à peu près ce qu'elles sont !

Mais que des modifications soient introduites dans les distributions de prix des sociétés savantes départementales et des comices!

Et par exemple, j'aimerais voir ces associations substituer le livre élémentaire et le petit ou gros instrument perfectionné, à la simple mention honorable, à la médaille, et à la prime en argent.

La mention honorable est une fiche de consolation.

La médaille flatte et encourage, mais n'instruit pas.

La prime en argent ressemble trop à un secours.

En ce qui concerne le livre, la substitution permettrait de consacrer à la prédication imprimée ou à l'achat d'instruments perfectionnés, l'économie réalisée sur les dépenses en médailles, en primes, et même en frais de fête publique.

Elle n'empêcherait pas l'encouragement d'être à la fois matériel et moral, car un bon livre nous rend plus habiles ou meilleurs.

Elle constituerait un don qui aurait l'avantage de ne pouvoir être refusé comme l'est souvent la prime.

Elle mettrait le lauréat pauvre à même de perfectionner son instruction.

Elle ferait de lui, par le prêt du livre à ses voisins, le moniteur du petit cultivateur.

Elle amènerait celui-ci à acheter le livre et, à le prêter à son tour.

Elle favoriserait la divulgation des vérités agricoles et morales, de la manière la plus propre à faire atteindre aux sociétés savantes leur but qui est de montrer et d'aider à mieux faire.

En ce qui concerne l'instrument perfectionné, celui-ci, en cas d'utilité évidente, serait emprunté, puis acheté par les voisins, et la substitution serait un merveilleux moyen de prompte propagation des engins de culture à la fois parfaite, rapide et économique.

LES RÉCOMPENSES AUX SERVITEURS RURAUX.

Depuis 30 ans, ce valet demeure chez son maître devenu [illegible]pable de conduire sa charrue.

Depuis bien des années, il le remplace dans la direction des travaux de la ferme.

Instruments, cultures et bétail, il a tout transformé.

Ensuite, pour donner presque tout son pécule à son vieux père, il s'est privé de toute jouissance un peu coûteuse.

Voilà aussi 30 ans que cette servante est dans la ferme.

Elle y a remplacé une ménagère trop tôt ravie par une épidémie, à sa famille.

Elle fait tout luire de propreté.

Elle est partout où l'ordre doit régner.

Elle a élevé en mère tous les enfants du maître.

Pour conserver sa famille adoptive, elle n'a pas voulu de plus d'un bon parti ;

Pourquoi donc n'irions-nous pas visiter ces vertus sous le toit qui les cache?

Pourquoi surtout ne prouverions-nous pas, à l'aide de récompenses, qu'il est aussi méritoire de bien servir que de bien commander?

En ce temps où, à peine serviteur, on veut être maître, et où le valet rougit de sa profession, relevons le serviteur à ses propres yeux et à ceux des autres.

Bien obéir, comme bien commander est la moitié de la vertu.

De peur de les voir vendre leurs livres ou leurs médailles, donnons de l'argent à ces gens-là, disaient les uns, un jour que je plaidais leur cause.

Faisons-leur, disaient les autres, accorder un pourboire par les comices auxquels les sociétés savantes doivent donner quelques os à ronger.

Ceux qui parlaient ainsi perdaient de vue qu'il ne s'agissait pas de couronner des gens sans dignité.

Ils ne se doutaient pas que l'aumône publique enlève peu les masses à moraliser.

Ils oubliaient que le riche n'est digne de nager à toujours dans l'opulence, qu'en se mettant sans cesse, par la pensée, à la place du pauvre.

Soutenue par dix voix, leur opinion fut combattue par douze partisans éclairés du progrès.

En conséquence, on destina quelques médailles aux valets agricoles.

Qui fut le plus ému, quand on les décerna?

Ce fut le défenseur le plus entêté des pourboires.

Aussi, l'année suivante, fit-il étendre aux laboureurs blanchis sous le harnais, les récompenses qu'il avait vues faire pleurer la foule.

LES RÉCOMPENSES A LA VIEILLESSE AGRICOLE.

Les fêtes publiques ne sont belles et utiles que quand elles vont à l'âme des masses.

Or, on passionne celles-ci, sans les moraliser, en les faisant grimper sur un mât de cocagne, en les conviant à courir enveloppées d'un sac, ou en leur criant, du haut d'une borne, qu'elles sont exploitées.

Que ne les passionne-t-on avec plus de grandeur, en leur parlant avec le cœur, du bon, du beau, du travail, du savoir, de la charité, et, en un mot, du devoir !

Ainsi, dans les solennités agricoles, quoi de plus propre à émouvoir la foule, que le spectacle des vétérans du labourage se traînant ou portés vers l'estrade où les attend la récompense de leurs vertus ?

Quand on ignore ce qu'ils ont fait, leur décrépitude afflige et fait songer au néant de la vie.

Sur l'estrade, elle les transfigure, et prouve aux spectateurs que l'âme est immortelle.

Rappelons la substance de ce que, dans le Var, j'ai entendu une généreuse société savante dire à ces bons vieillards.

Vous avez fécondé et étendu le domaine de vos pères.

Vous avez craint, aimé et prié Dieu.

Courbés sous le rude travail du labourage, vous défrichez encore, sous les feux du soleil, la lande inculte, et la bêche vacille dans vos mains tremblantes, sans qu'une plainte s'exhale de votre bouche.

Honneur à vous, et recevez ces récompenses !

A ces mots, les vénérables fronts sur lesquels, depuis tant d'années, la sueur ruisselle, s'inclinent, et à la vue de tous ces lauréats blanchis par l'âge, la multitude attendrie bat des mains.

Leur triomphe élève l'âme du laboureur et la remplit de bonnes résolutions.

Et les vieillards qui pleurent aussi, sont-ils heureux !

En vérité, voilà de la semence qui produira bien des mérites.

LES CONCOURS RÉGIONAUX.

Le concours régional est, pour une grande circonscription territoriale, la constatation publique des exemples donnés.

Il est l'exhibition, en fait d'animaux, de races perfectionnées et d'animaux d'élite.

Il est l'exhibition, en fait de produits du sol, de ce qu'il y a de plus beau.

Il est l'exhibition, en fait de machines, de ce qu'il y a de meilleur.

Les notabilités de l'agriculture sont là comme juges.

Après les tournois de chevaliers, ceux de paisibles ouvriers de la terre !

De hauts fonctionnaires président, et jettent des paroles d'encouragement.

Une multitude recueillie et émue assiste à cette communion d'exemples, de races d'animaux, de produits, d'instruments du travail et de transformations.

Les yeux se fixent sur de riches récompenses : 5,000 francs et une coupe d'or de 3,000 francs !

Le plus grand prix est décerné au domaine le mieux tenu.

La fidélité et la vieillesse agricoles sont couvertes d'honneurs.

Des larmes coulent sur toutes les mains qui applaudissent.

La fête terminée, les départements, qui ont gagné à se connaître, se tendent généreusement la main, et se promettent de se revoir dans de nouveaux concours.

Et le laboureur qui n'a pas concouru, qu'a-t-il fait ? que fait-il ? que fera-t-il ?

Il a admiré, observé et pleuré.

Il se recueille et se propose de bientôt concourir.

Il ne se reposera pas qu'on ne l'ait couronné.

Et voilà comment se fait le progrès.

LES CONCOURS D'ANIMAUX DE BOUCHERIE.

A propos des concours d'animaux de boucherie, un agronome dont, par malheur, j'ai oublié le nom, s'exprime à peu près ainsi :

Les animaux ne sont pas seulement des produits qui intéressent le consommateur, parce qu'ils fournissent de la viande, du lait, de la laine, du cuir, etc., c'est-à-dire, d'abord les matières nutritives les plus indispensables, puis les matières premières d'une nécessité quotidienne.

Ils ne représentent pas seulement une des branches les plus importantes de la production agricole.

Ils sont par eux-mêmes, et indépendamment de toute autre valeur, la condition de l'existence et du progrès de l'agriculture.

Ils sont la condition de la production de toutes les denrées qu'on demande au sol.

Ils sont, en particulier, la condition de la production avantageuse du blé.

Tout ce qui touche à l'amélioration et à la multiplication des animaux, est donc, pour le pays tout entier, d'un intérêt capital.

On ne sait pas assez par quels liens étroits notre existence et notre prospérité sont attachées à la production de ces êtres précieux que la nature a placés près de nous, et nous a soumis, dès l'apparition de l'homme sur la terre.

C'est en raison de ce rôle des animaux dans l'activité de la première industrie du pays, que le gouvernement a pris toutes les mesures susceptibles de favoriser l'amélioration du bétail, et a secondé, par des récompenses, les efforts individuels.

Deux sortes de concours ont été institués dans ce but.

Les premiers concours sont destinés aux animaux reproducteurs auxquels sont confiées la perpétuation et l'amélioration des races.

Ils forment un ensemble assez complet, et répondent à peu près à tous les degrés de la production.

Ils sont locaux, régionaux ou généraux.

Les seconds concours sont institués pour développer, dans le double intérêt de l'agriculture et de la consommation, la production des animaux de boucherie.

Ils prennent les animaux, au moment de leur arrivée à l'abattoir, fin dernière de nos races de bétail, quelque, d'ailleurs, ait été leur service durant leur vie.

Ils constatent, en outre, quels sont ceux qui satisfont le mieux aux conditions d'un bon animal de boucherie, par leur conformation, la perfection de leur engraissement, et leur précocité.

Des concours de cette nature, couronnés par le concours général de Poissy, sont établis à Lille, Nantes, Lyon, Nîmes et Bordeaux.

A propos de la précocité, elle doit être, telle qu'il faut l'entendre, pour ne pas récompenser ce qui ne le mérite pas : le développement hâtif, la maturité de l'âge adulte se prononçant de bonne heure, et l'engraissement avant terme.

Si la précocité est une qualité précieuse des animaux auxquels on ne demande absolument que leur chair pour tout produit, cet abattage précipité d'un animal trop jeune est un dommage aussi bien pour le consommateur que pour le producteur.

La nature a posé à la vie et au développement des animaux, des conditions que nous devons respecter dans de certaines limites, et dont la violation est une faute économique et une erreur physiologique.

Il n'est pas nécessaire que le bœuf, pour être de bonne qualité, et pour arriver, en temps utile, à l'abattoir, ait 7 ou 8 ans.

Mais il faut, qu'il ait au moins l'âge qui peut amener le développement musculaire, et la maturité normale des tissus.

De toutes les races de boucherie, la race Durham est certainement celle qui possède au plus haut degré, et transmet avec le plus de certitude, la disposition au développement hâtif.

Mais encore faut-il savoir attendre assez longtemps ce développement.

LES SOCIÉTÉS SAVANTES DÉPARTEMENTALES.

Les sociétés savantes départementales sont l'enseignement religieux, moral, économique, scientifique, littéraire, artistique, industriel, commercial et agricole de l'âge mûr.

C'est faute d'un enseignement puissamment organisé de l'âge mûr que, dans une société où l'enfance n'a pas été l'objet de tous les soins dont elle avait besoin, l'art agricole n'est pas ce qu'il doit être.

C'est faute de cet enseignement que l'ouvrier des villes manque de dignité, que la justice frappe et flétrit souvent, que l'utopie politique continue sourdement ses ravages, qu'il est de plus en plus des accommodements avec la bonne foi, et que la paresse conduit si fréquemment à l'attentat.

La société savante est la ligue du bien contre le mal.

Elle est la lumière supprimant la nuit dans le département.

Elle offre une légitime satisfaction au besoin d'activité féconde qui est le caractère de notre époque.

Devant le mouvement d'idées qui se produit, elle est le prisme de cristal qui, recevant la lumière dans son éblouissante unité, la réfracte, la divise et la modifie, pour la transmettre à chaque travailleur, sous la couleur et avec l'intensité réclamées par ses besoins.

L'association puise dans la discipline et le désintéressement la force à laquelle rien ne résiste.

Conçue dans l'esprit de la religion, de la morale et de la loi, elle est la condition du progrès rapide et grandiose.

Elle veut le sacrifice.

Le concours absolu du pouvoir lui est matériellement et moralement indispensable.

L'aide et la présence des sommités sociales lui communiquent la seule impulsion qui puisse triompher de la force d'inertie de l'ignorance, de la routine, de la paresse et de l'égoïsme.

Les prodiges sont fils du travail en commun.

Le contact des hommes, en usant leurs défauts, rend plus saillantes leurs qualités.

La discussion affectueuse et de bon ton retrempe ou suscite le savoir.

L'émulation, en doublant les forces de l'associé, décuple celles de l'assemblée ainsi mise à même d'exercer sur les masses la pression transformatrice qu'elle a en vue.

Les petits ne font jamais mieux, et ne suivent jamais si constamment la ligne droite, que quand les grands sont là pour leur montrer le mieux et leur indiquer la ligne.

En matière de progrès, l'exemple isolé est un roseau, et le faisceau d'exemples, un chêne.

L'exemple descend plus qu'il ne monte.

On doit apprendre à faire à qui ne sait pas comment s'y prendre.

Celui à qui tu prouves qu'il peut mieux faire, fait mieux.

Le voyageur averti évite le précipice.

Dire est semer.

Ecrire est planter.

Publier est cultiver dans le but de récolter pour soi et pour les autres.

La société savante grandit, à certaines conditions dont l'oubli la précipite et la perd.

Il lui faut de savants et de zélés officiers.

Elle ne doit s'affilier que des membres d'un mérite connu et constaté.

Son but l'oblige à préférer à celle d'en haut l'idée d'en bas qui est meilleure.

Elle a, non à cuber le volume, mais à apprécier l'essence des productions qui lui sont présentées.

Son intérêt bien entendu est de ne laisser ni les lettres, ni les arts, ni les sciences, chercher, dans son sein, à s'exclure mutuellement.

La parole, dans ses publications, ne peut, sans danger de décourager la majorité, être toujours accordée aux mêmes membres.

Trop maigres, ses journaux risqueraient de la déconsidérer.

Peu châtiés, ils déplairaient à l'homme de goût.

Elle témoignera de la largeur de ses vues, en se préoccupant de la destination plûtôt que du chiffre du sacrifice à faire.

Elle s'empressera, si elle est assez riche, de publier toute œuvre éminemment utile.

Malheur à elle si, à cet important endroit, elle laisse faire l'esprit de clocher ou de coterie!

Ses membres feront preuve, les jours de réunion, de cette extrême exactitude qu'on appelle *la politesse des rois*.

Elle repoussera quiconque, en venant à elle, n'aura pour but que de poser.

Elle mettra tous ses soins à mériter les sympathies de l'autorité, dont elle se gardera de fronder les actes.

Elle ne cessera d'avoir en vue le progrès de l'utile et du beau.

Elle obtiendra, en recommandant la religion, le concours des plus savants pasteurs.

Elle centralisera fortement les travaux des Comices agricoles, dont peu, sans elle, peuvent suffisamment aboutir.

Elle sera judicieuse dans ses choix de récompenses, et, par exemple, couronnera le valet blanchi au service de ses maîtres.

Elle s'efforcera d'amener le conseil général, non seulement à solliciter pour les écoles un enseignement obligatoire de l'art de cultiver la terre, mais encore poussera autant les masses au progrès horticole qu'au progrès agricole.

Enfin, elle prouvera qu'elle veut être, par-dessus tout, la bienfaitrice de l'homme des champs, en publiant, en dehors de ses annales, un bulletin agricole au moins trimestriel.

PRINCIPES D'ÉCONOMIE RURALE, D'APRÈS M. DEZEIMERIS.

L'économie rurale est l'enseignement de l'exploitation lucrative du sol.

Elle ramène chaque chose à son importance réelle.

Elle apprend à tirer bon parti de la pire des positions.

Elle réclame, pour la meilleure partie et pour la plus mauvaise partie du domaine, un traitement particulier.

Le bon marché n'est donc pas son objet suprême.

En effet, les pays où les subsistances sont au plus bas prix sont précisément ceux où il y a le plus de misère chez les cultivateurs.

La grandeur, la civilisation, la puissance et la liberté politique des nations marchent avec la prospérité de leur condition économique.

La richesse est créée par le travail.

En France, par exemple, toutes les branches de la production sont solidaires, et l'ouvrier des manufactures ne peut trouver son profit dans les mesures capables de ruiner l'agriculture.

Le pays qui produit à la fois par celle-ci, par les manufactures et par le commerce, est plus avancé que celui auquel manque une de ces facultés créatrices de la richesse.

Plus l'agriculture produit, plus, améliorant la situation des travailleurs qu'elle emploie, elle leur donne de moyens de se procurer les produits de l'industrie.

Or l'agriculture française est dans une position telle que ses produits peuvent être doublés en moins de 15 ans.

Ce qui peut la ruiner est le recours imprudent à la classe financière.

Ce qui, dans les cantons riches, peut assurer sa prospérité, est le bétail.

Ce qui, dans les cantons commençant à s'élever au-dessus de la médiocrité, peut l'accélérer, est le bétail.

Ce qui, dans les cantons pauvres, peut la créer, est encore le bétail.

Aux premiers, le bétail d'engrais ou de races distinguées.

Aux deuxièmes, l'élève du bétail moyen.

Aux troisièmes, le bétail commun.

Quand il s'agit de la régénération agricole d'un pays comme la France, l'intérêt de l'universalité des citoyens se trouve en jeu.

La bonne terre n'est jamais chère.

Le mauvais fonds n'est jamais à bon marché.

Cela considéré, regardons la composition du domaine comme le point fondamental et la clé de l'économie rurale.

Dans cette composition, voyons la proportion des terres qui produisent l'engrais à celles qui le consomment.

Puis, à toutes les méthodes de culture, préférons, en général, celle qui consiste en une succession continue et rapide de fourrages hâtifs.

LA DÉPOPULATION DES CAMPAGNES.

La dépopulation des campagnes est, pour une foule de bons esprits, une cause de vives alarmes.

Elle me semble toutefois susceptible de s'expliquer par des considérations capables, les unes de nous tranquilliser, et les autres d'indiquer le remède au mal réduit à ses vraies proportions.

Ainsi, les espérances si souvent déçues de la paresse, de l'orgueil, de l'ambition et de la spéculation retiennent de plus en plus le riche dans les grands centres.

Le laboureur a cessé de penser que, plus il a d'enfants, plus la ferme prospère.

Devenus aussi forts que leurs parents, dont la souveraineté n'est plus la même, les enfants veulent, n'importe comment et en quel endroit, voler de leurs propres ailes.

L'autorité des maîtres s'affaisse de plus en plus sous l'indiscipline et les prétentions des serviteurs.

De nombreuses artères, en venant relier aux villes les campagnes tout à l'heure isolées et claquemurées par une multitude d'accidents de terrain, font, sur les populations rurales, l'effet d'une coupure dans la digue d'un lac.

L'avènement de la voie ferrée et du canal a forcé le personnel du roulage à aller chercher dans la cité d'autres moyens d'existence.

A chaque révolution politique, ce qu'il y a de plus turbulent au village accourt et se fixe dans les grands centres.

Pourvue de plus de bons maîtres de l'enfance et de la jeunesse, la campagne a plus d'adeptes à fournir à l'art et à la littérature, qui, plus et mieux cultivés, paieront à la terre avec usure les aliments qu'ils lui devront.

Pour mieux remplir son rôle de pourvoyeur, le commerce a besoin d'un personnel qui, de plus en plus nombreux, doit être pris partout.

L'industrie ne peut se développer sans plus de bras qu'elle est obligée d'emprunter au village.

Les régies administratives n'ont pas à s'inquiéter d'où leur viendra le surcroît d'agents destinés à achever d'assurer l'impôt et le contrôle.

Des passions politiques et de mauvais penchants à surveiller avec plus de succès, plus de mesures d'édilité, et plus de déplacements à épargner aux justiciables, veulent plus d'agents et de magistrats qui ne peuvent être tous fournis par la ville.

Plus de fortune et de luxe exige plus de domestiques qu'on prend de préférence à la campagne.

Plus de villageois ont à passer, pour sept ans, du sillon dans l'armée accrue par le besoin de la sécurité et du prestige de l'empire.

Des milliers de sous-officiers et de soldats, au lieu de reprendre, au village, des travaux à leurs yeux trop pénibles, demandent à la ville des moyens d'existence.

Les cités ne peuvent, à elles seules, fournir à la marine militaire et marchande, l'augmentation nécessaire de matelots.

Devenues coquettes, et ne voulant plus de leur vieille robe, elles n'ont pas assez de bras pour s'assainir et se rebâtir.

La banlieue de la France, l'Algérie sollicite des leçons et des exemples agricoles qu'elle ne doit pas attendre de l'Arabe.

Bien des pionniers, dans les contrées aurifères, sont enfants du village.

La ville et le chantier de la voie ferrée attirent le méchant valet de ferme, le jeune homme las des conseils de ses parents, le laboureur sans dignité, et le travailleur peu prévoyant.

Faute de lumières, l'agriculteur persuadé que la vie plumitive est de toutes la plus douce et la plus considérée, se ruine à faire faire à son fils des études qui, défectueuses, le déclasseront dans le milieu dont il se sera épris.

Elevée dans une pension où elle n'a appris que ce qu'il ne fallait pas apprendre, la riche héritière veut s'unir, à la ville, à un homme de tournure et de plume.

Les salaires industriels valent à l'usine et à la ville de nombreux travailleurs qui, ne connaissant pas le revers de la médaille, paieront de leur santé et de leur moralité, l'abandon du toit rural.

Le bureau de bienfaisance, l'hôpital et la médecine gratuite n'existant dans la campagne qu'à l'état d'exceptions, le journalier besogneux, maladif, et chargé de famille, va les chercher dans les grands centres.

Le laboureur flétri par la justice ose de moins en moins revenir se montrer dans son pays.

La vie commence à coûter au village presque autant qu'à la ville, par un effet de nivellement des prix d'une foule de choses.

Beaucoup plus de routes, plus de moyens de transport de l'homme, une transmission plus prompte de la pensée écrite, et plus d'instruction, en faisant de la campagne la banlieue de la cité, ont rendu pour le laboureur, plus fréquents et plus nombreux, les motifs, les occasions et les moyens de changer de profession.

C'est en effet l'exemple qui nous mène, et le villageois, pour son compte, place son idéal dans la cité où, selon lui, on jouit, se montre ou se cache mieux qu'au hameau.

Enfin il est dans la nature qui veut l'association mère des prodiges, que l'homme tende sans cesse à aller de la ferme au village, du village à la ville, et de celle-ci dans la cité.

Après les causes de la dépopulation qui nous préoccupe, causes à la suppression de plusieurs desquelles l'intérêt du progrès général s'oppose, voyons les compensations qui valent la peine d'être pesées.

Ainsi, chaque progrès de la mécanique permet à l'industrie d'enlever moins de bras à la terre.

Les machines agricoles remplissent une partie du vide causé par l'émigration.

Beaucoup d'émigrants valant peu, la campagne doit, dans les crises sociales, son calme relatif à la disparition des mauvaises natures.

Le commerce, l'industrie, les arts, les sciences et la bonne littérature paient en bien-être matériel et en jouissances spirituelles, les emprunts de bras faits au village.

Les terres improductives des communes vont être livrées à la culture.

Les agronomes se mettent à glorifier éloquemment la vie

rurale, et à appeler certaines industries des villes à se fixer à la campagne.

La presse se fait plus agricole.

La mécanique entreprend des prodiges.

La chimie crée des amendements et des engrais, en nous en enseignant l'application et le dosage.

L'enseignement élémentaire agricole ne peut tarder à devenir obligatoire au lieu de facultatif.

Enfin, nous ne sommes peut-être pas loin du jour où tout pasteur des âmes sentira la nécessité de rendre à la foi comme au progrès un immense service, en lisant un peu plus dans le grand livre de la nature, en conseillant le laboureur, et en le conjurant, du haut de la chaire, de ne pas déserter le lieu où il est né, où reposent ses pères, et où il accomplit les travaux qui fortifient et sanctifient le plus.

En tout état de cause, le mal dont on se plaint ne date pas d'hier ; car, il y a trois siècles, Bernard de Palissy disait:

« *Je m'esmerveille d'un tas de fols laboureurs que soudain qu'ils ont un peu de bien qu'ils auront gagné avec grand labeur en leur jeunesse, ils auront après honte de faire leurs enfants de leur estat de labourage.*

Les feront, du premier jour plus grands qu'eux-mêmes.

Et ce que le pauvre homme aura gagné à grand'peine et labeur, il en despendra une grande partie à faire son fils monsieur, lequel monsieur aura enfin honte de se trouver en la compagnie de son père, et sera desplaisant qu'on dira qu'il est fils d'un laboureur.

Et si, de cas fortuit, le bonhomme a certains autres enfants, ce sera ce monsieur-là qui mangera les autres, et aura la meilleure part, sans avoir égard qu'il a beaucoup coûté aux écholes, pendant que les autres frères cultivaient la terre avec leur père.

Et cependant, voilà qui cause que la terre est le plus souvent avortée et mal cultivée. »

L'ESPRIT ET LE BON SENS.

Observe attentivement deux laboureurs.

Tu reconnaîtras vite que la ruine de l'un, comme la prospérité de l'autre, a une cause très-naturelle.

Le premier parle, écrit, forme des projets, calcule avec facilité, apprécie parfaitement, excelle à prévoir, et répond pertinemment à tout.

Il a de l'esprit; mais il se ruine.

Le second a le coup d'œil, le jugement et la parole moins rapides.

Pourtant il voit plus loin, plus profondément, plus sûrement, et avec plus de justesse.

Il ne peut opposer ni calculs à calculs, ni raisonnements à raisonnements.

Mais le discernement développé en lui par l'expérience l'avertit d'une manière à peu près infaillible.

Ses facultés se résument en une seule : le bon sens qui l'enrichit.

L'ESPRIT DE CLOCHER.

L'esprit de clocher devrait simplement être l'amour de la contrée qui t'a vu naître.

Par malheur, il est souvent pour toi l'amour exclusif et quand même du milieu où tu vis.

Ainsi défini, il est en toi un sentiment ne s'arrangeant que des choses du lieu.

Il enfante, entre pays voisins, la jalousie au lieu de l'émulation.

Il isole.

Il s'oppose au progrès général.

Il pose l'étranger en intrus.

Il fait l'administrateur à vues étroites.

Il suscite le journal uniquement préoccupé du mouvement qui se produit dans le département.

Il ferme la commune aux éléments nouveaux qui pourraient la rajeunir.

Il l'amène à se replier obstinément sur elle-même.

Il crée la tyrannie de l'indigénat.

Il conduit aux extrêmes limites de l'égoïsme.

Il est la négation de l'unité appelée à faire la force de la France.

LA PETITE, LA GRANDE ET LA MOYENNE CULTURE, D'APRÈS M. DEZEIMERIS.

D'abord, distinguons bien de la petite propriété non morcelée, celle qui l'étant trop, est le mauvais côté d'une chose excellente, la division de la propriété foncière.

En Angleterre, la grande propriété rurale est tout, et la petite, rien.

Ici donc, ne nous modelons pas sur nos voisins.

En France, depuis bien des siècles, la grande propriété est devenue une forme générale impossible.

Elle y est en décomposition, quand la petite y prend de l'importance, ce qui faisait appeler par Bossuet, le tiers-état, *la force des nations*.

Vers 1850, sur le territoire cultivable de la France, et exception faite des terres de l'Etat et des communes, 11 millions 168 mille hectares étaient partagés en domaines, et appartenaient à 90 mille propriétaires.

20 millions 580 mille hectares, étaient divisés en domaines de 18 à 70 hectares d'étendue, et formaient la moyenne propriété appartenant à 810 mille propriétaires.

14 millions 252 mille hectares formant le lot de la petite propriété, appartenaient à 3 millions 810 mille propriétaires.

L'étendue moyenne de ces petits biens était de 3 hectares 65 ares.

La petite propriété appartient à des localités particulières, dont elle fait la richesse.

La grande appartient à des lieux où la petite est à peu près impossible.

Par suite, les deux modes de posséder sont, en France, inévitables.

Par suite aussi, la répartition de la propriété, y constitue une société dont aucun pays ne présenta jamais le modèle.

En effet, la presque universalité des citoyens s'y trouve attachée au maintien de l'Etat par le plus puissant des liens.

La petite culture, disent la plupart des agronomes, est misérable quand elle est négligemment pratiquée, et ruineuse quand elle l'est avec tous les soins qu'elle exige.

Voulez-vous, disent-ils, cultiver d'après les bons principes? Ayez un grand domaine et beaucoup d'argent.

Soyez capables de disposer, pour chaque hectare, d'un capital de 400 à 1,000 francs et plus.

S'exprimer ainsi est demander des cultivateurs possédant, à titre de capital d'exploitation, la moitié de la valeur du sol à exploiter.

Mais, en dépit de leur principe, *grande culture, grands capitaux,* on peut cultiver avec grand avantage, de très-petits domaines avec de très-petites avances.

Virgile disait : *glorifiez les grandes propriétés, et cultivez les petites.*

Columelle et Palladius disaient : *un grand champ mal cultivé rend moins qu'un petit qui l'est bien.*

Pline disait : *les grands champs ont perdu l'Italie et ses provinces.*

En Flandre, en Alsace, dans la Limagne, dans l'Agenais, autour de nos villes, dans la Prusse rhénane, dans le pays de Bade, dans le Wurtemberg, en Suisse, en Piémont, en Toscane et en Lombardie, où la propriété est si divisée, on ne trouve, dans les grands domaines, rien à comparer aux merveilles des petits.

La raison en est que, sur ces derniers, le sol, cultivé avec les soins et la perfection apportés dans son art par celui qui travaille sur sa terre, et pour son propre compte, rembourse largement les énormes avances qui lui sont faites.

Au reste, l'anglais Arbuthnot, si partisan des grands domaines, disait : *je trouve qu'il est bon d'avoir dans un royaume, des fermes de toute grandeur.*

Il disait : *la terre, pour être dans le plus parfait état de culture, devrait toujours se trouver d'une étendue proportionnelle au capital dont on dispose pour l'exploiter.*

Il disait aussi : *la réunion des petites, moyennes et grandes fermes, opère le bien général.*

Qui ne conviendra d'ailleurs que la petite culture entretient, en attendant des instruments perfectionnés, faits exprès pour elle, un plus grand nombre de travailleurs, pousse plus à la population, et produit plus que la grande?

Dans un grand domaine, on réunit, il est vrai, plus de monde dans moins de bâtiments.

Mais dans la petite propriété, il y a plus de monde chez soi où l'on vit en famille.

La culture en grand permet la réduction du nombre proportionnel des attelages.

Mais elle entretient trop de chevaux de travail.

Exploitée par peu de bras, la grande propriété consomme la moindre partie de ses produits.

Mais la petite culture, bien que consommant plus que la grande, fournit les sept huitièmes des matières premières demandées par l'industrie, et, exception faite du blé, les 99 centièmes de l'approvisionnement des marchés.

En outre, il y a un grand compte à tenir de ce fait qu'elle se vend ou se loue deux fois plus cher que la grande.

La preuve en est que, pour vendre celle-ci avec plus d'avantage, on la divise.

La petite propriété, dit-on, ne connaissant que culture active et défrichements, fait disparaître le pâturage, sous le labour ou sous la bêche.

Mais il y a pâturage et pâturage; et celui qu'elle supprime, ne produisait presque rien.

Mais le bétail ne souffre pas de ses travaux de transformation avantageuse du sol, car les notes des inspecteurs d'agriculture qui préfèrent le plus les grands domaines aux petits, constatent que ceux-ci comprennent incomparablement plus de bétail que ceux-là.

Est-ce à dire que la grande culture doive d'autant plus disparaître, qu'elle trouve moins aisément que la petite, un régisseur capable?

En aucune façon, puisqu'elles ont leurs avantages respectifs; et sont des émules destinées à se prêter secours.

Voyons maintenant la moyenne propriété.

Elle n'a à son service ni l'intelligence et les capitaux de riches fermiers, ni les soins attentifs et ardents du cultivateur exploitant un petit domaine.

En général, elle appartient à un propriétaire de fortune et d'instruction médiocres.

Elle est cultivée par un métayer plus pauvre et plus ignorant encore.

Mais la nation qui y compte 20 millions 580 mille hectares, a devant elle, une mine inépuisable de richesses qu'elle ne serait point excusable de laisser inexploitée, en négligeant de l'amener à avoir moins de terres en blés et en racines, et plus de prairies.

LE PARCOURS ET LA VAINE PATURE D'APRÈS M. DEZEIMERIS.

Ayant, dans la *première prédication,* traité de la vaine pâture, d'après la plupart des agronomes, traitons-en maintenant d'après M. Dezeimeris.

Avant de songer à la brusque suppression de la vaine pâture, réparez, au moyen d'échanges et de réunions, les inconvénients du morcellement des terres.

Calculez, ajouterons-nous, les fâcheuses conséquences qui, tout d'abord, résulteront de la mesure pour le pauvre obligé à se défaire, à l'instant même, de sa vache, de son âne, de ses brebis et de ses chèvres.

La vaine pâture est, au fond, non une atteinte au droit, mais une simple servitude.

Voilà pourquoi le législateur hésite tant à la proscrire.

D'ailleurs, en certains lieux, la suppression du droit qu'elle constitue, n'est ni aussi utile, ni aussi facile, ni aussi innocente qu'on pourrait le croire.

Le mieux, pour tout propriétaire désireux de s'y soustraire jusqu'à un certain point, est d'entourer son domaine d'une clôture.

C'est, après la dernière coupe de fourrage, de fumer ses prés en couverture.

C'est de viser à moins de champs que de prairies.

Mais rassurons-nous.

Dans la moitié de siècle qui vient de s'écouler, la vaine pâture s'est prodigieusement restreinte.

En effet, le progrès naturel des choses introduit insensiblement des modifications profondes dans des habitudes dont il serait imprudent de trop hâter l'abolition.

En tout état de cause, si vous supprimez le droit de vaine pâture, sans supprimer celui de parcours, vous ne ferez les choses qu'à demi.

LA CULTURE EXTENSIVE DANS LES PAYS PAUVRES.

M. d'Hellicourt, dans une chronique de l'*Agriculteur praticien*, s'exprime à peu près ainsi, au sujet de la culture extensive dans les pays pauvres :

Ce qui manque presque toujours aux pays pauvres, ce sont les capitaux.

Ce qui leur manque quelquefois, c'est l'art de bien se servir de ceux-ci.

Combien de personnes ont fait fausse route, en entrant avec de gros capitaux dans un pays déshérité, et en se mettant à l'œuvre, sans se douter de rien, et comme si l'on avait affaire à un sol fertile !

On enfouit ainsi beaucoup d'argent sans profit.

Quand on veut réussir, il faut observer comment font les habitants du pays, et faire, en les imitant, mieux qu'eux, car ils ont pour eux l'expérience.

En effet, il y a dans certains pays pauvres, des cultivateurs qui, par un sage emploi de la culture extensive, et par un bon usage du parcours dans les bruyères vagues, finissent par nourrir assez de bestiaux pour pouvoir fabriquer et obtenir en somme des récoltes passables, dans un sol très-stérile, tandis que des compagnies qui avaient cru rencontrer le pactole dans ces terres abandonnées, y ont trouvé la ruine.

Pour leur malheur, elles n'ont pas profité de l'expérience locale qui indique que là, comme partout, il faut de l'engrais et encore de l'engrais, et qu'on n'arrive pas à tout succès par un seul bond.

LA NÉCESSITÉ DU DRAINAGE.

Pourquoi donner à la terre tant d'énergiques labours, au lieu d'en gratter la surface avec l'araire des Romains?

Pourquoi, en augmentant le matériel des fermes, créer un arsenal de machines compliquées ?

La théorie et la pratique ne sont-elles pas tombées d'accord, pour démontrer que les abondantes récoltes dépendent avant tout d'abondantes fumures ?

Et M. Barral, de répondre, lors du concours régional de Metz :

En vain, on ferait par l'engrais des avances au sol, si l'on ne s'efforçait d'ameublir la couche arable, pour en mettre toutes les parties en contact avec l'atmosphère.

La terre, pour produire, comme l'homme, pour vivre, a besoin de respirer.

L'eau non aérée est fatale aux plantes, en même temps qu'elle cesse d'être potable.

En vertu de ces principes, des agronomes ont placé sous le sol de leurs champs, à une profondeur plus grande que celle qu'atteignent d'ordinaire les racines des plantes annuelles, une série de tuyaux juxta-posés bout à bout, et formant des lignes espacées et inclinées de manière à permettre à l'eau et à l'air de circuler à travers les pores de la terre arable.

Cette invention dont les pierrées souterraines pratiquées par nos pères confirment l'importance, a produit des effets s'expliquant de la même manière que les labours profonds et souvent répétés.

Aussi voit-on le drainage doubler, tripler et quadrupler le rendement d'un sol.

En agriculture, compter ne suffit pas.

Il faut très-bien compter, et ce n'est pas par une économie sordide qu'on s'enrichit.

On ne peut donc objecter contre le drainage qu'il coûte cher, s'il rapporte beaucoup.

Or, il est démontré qu'avoir appliqué, en huit ans, un demi million à 2,000 hectares, est avoir placé son argent à 15 p. 0/0.

Ce chiffre vaut la peine d'être indiqué à ceux qui compromettent leurs capitaux dans de hasardeuses entreprises industrielles ou financières.

Il démontre, d'ailleurs, qu'au lieu d'acheter de nouvelles terres d'un produit de 2 à 5 pour cent, les propriétaires feraient mieux de rendre les anciennes meilleures.

En outre, non seulement les améliorations agricoles profitent à ceux qui les effectuent, mais encore enrichissent la nation.

En effet, le cultivateur qui porte de 12 à 18 hectolitres de blé, le rendement d'un hectare, a produit du pain pour deux bouches de plus.

LA LUNE ROUSSE.

A propos de la lune rousse, l'*Histoire du calendrier*, reproduite par *la Science pour tous*, s'exprime à peu près ainsi :

Il n'est pas de préjugé plus répandu que celui de la lune rousse.

Il n'en est pas qui paraisse appuyé sur une base plus solide.

Mais qu'est-ce que la lune rousse, et d'où vient cette épithète donnée à l'astre des nuits?

Quelle est réellement son action sur la végétation?

Hé bien! on désigne généralement sous le nom de *lune rousse*, la lunaison qui, ayant commencé en avril, se termine en mai.

On a donné cette méchante épithète au satellite de notre globe, parce que, à cette époque, ses rayons passent pour exercer une influence délétère sur les plantes.

Ainsi, quand le ciel étant pur, les rayons solaires arrivent sans obstacles jusqu'aux plantes, celles-ci gèlent et roussissent, par une température de l'atmosphère cependant au dessus de zéro.

Ainsi aussi, quand le ciel étant couvert, les rayons lunaires n'arrivent pasjusqu'à nous, le phénomène ne se produit pas.

Cette circonstance, que les plantes ne gèlent que quand elles sont éclairées par la lune, malgré une température peu basse, a fait attribuer tout le mal à la lune qui, comme tant de choses et d'êtres, vaut mieux que sa réputation.

Essayons de donner l'explication du phénomène.

De ce qu'il y a coïncidence frappante entre un effet et la cause présumée, il ne s'en suit pas que la cause accusée soit réelle.

En d'autres termes, de ce que les plantes sont brûlées quand la lune les éclaire, on ne peut pas conclure que la lune a fait le mal.

Or, dans le cas discuté, assurons-nous s'il n'y a pas une cause plus naturelle du phénomène.

Assurons-nous en même temps si les notions actuelles de la météorologie ne peuvent pas nous mettre à même d'expliquer l'effet.

Or, il est avéré que, pendant la nuit, les objets placés à la surface de la terre réfléchissent vers les espaces célestes la chaleur qu'ils ont reçue pendant le jour.

Le ciel étant serein, cette chaleur réfléchie se perd dans les espaces inter-planétaires.

En même temps, rayonnant la chaleur dans tous les sens, et n'en recevant pas un rayon, les corps arrivent rapidement à une température très-basse, sans que, pour cela, l'atmosphère devienne très-froide.

Au contraire, par un ciel couvert, les rayons de chaleur qui s'échappent des corps, leur sont renvoyés par les nuages.

En effet, ceux-ci se comportent à l'égard des corps, comme les miroirs à l'égard des rayons lumineux.

Par conséquent, si, à l'époque dont il s'agit, les plantes risquent d'être roussies, c'est parce qu'aux mois d'avril et de mai, la quantité de chaleur reçue étant peu considérable, la température des corps est, à ce moment seulement de l'année, très-basse après le rayonnement.

Si nous rions des sauvages, lançant avec colère des flèches au soleil, reconnaissons qu'ils sont fondés à rire de nous, quand ils nous voient maudire le petit astre qui, rendant nos nuits si belles, n'est, en réalité, qu'un mélancolique témoin de la déconfiture des plantes.

LES PRAIRIES TOURBÉES.

Dans son histoire naturelle manuscrite du Jura, qu'un conseil général bien inspiré fera livrer à l'impression, le frère Ogérien, directeur des écoles chrétiennes de Lons-le-Saulnier, traite ainsi des prairies tourbées :

Certaines prairies, situées près des bois, dans des bas-fonds, ou le long des rivières, après avoir donné, pendant de longues années, beaucoup d'excellent foin, sont envahies peu à peu, et de proche en proche, par une mousse fine qui, très-serrée, finit par remplacer presque entièrement toute autre végétation.

Si on laisse le végétal mousseux suivre toutes les phases de son développement, ce végétal ne tarde pas à fournir une pelouse mousseuse très-serrée, et à retenir l'eau pluviale dans ses pores spongieux ; et bientôt le sol, même sur des surfaces en pente, devient complètement humide.

Après quelques années, la mousse disparaît par places et se laisse remplacer peu à peu par les laîches, linaigrettes, carex, etc.

La surface de la prairie, devenue spongieuse, cède sous les pieds.

Le terrain est noir et âcre au goût.

La plupart des plantes sont aquatiques et de mauvaise qualité.

Bref, la prairie est tourbée.

Quels sont les remèdes ?

La science en propose trois, qui sont le hersage des mousses, l'écobuage du gazon et le drainage du sous-sol.

Herser la mousse, à son apparition, est plutôt un palliatif qu'un remède.

Dans certains cas, c'est un moyen qui en accélère la propagation.

En effet, la herse, en écorchant le sol, blesse tout à la fois la mousse et les bonnes plantes fourragères.

Mais ces dernières, à cause de leur délicatesse, sont les plus longues à se guérir, et il résulte du fait que le hersage donne le dessus à la végétation mousseuse.

Quant à l'écobuage, il est impraticable ou nuisible sans drainage.

La raison en est que, difficilement extraites, les mottes sèchent encore plus difficilement.

En outre, totalisées, la valeur de la main-d'œuvre et celle du combustible, représentent un chiffre énorme dont l'intérêt est bien plus fort que le rendement annuel présumé.

Au reste, l'écobuage sans drainage, par ce motif surtout qu'il transforme un pré en champ humide, et brûle l'humus, indispensable au sol, doit être banni de toute culture rationnelle, à moins qu'il ne s'agisse simplement de brûler la surface des gazons desséchés.

Bien différent de celui-ci, le drainage est toujours nécessaire.

Mais la manière d'opérer doit varier suivant les surfaces.

Dans les terrains qui offrent un écoulement facile ou possible, il peut être pratiqué à l'aide de tuyaux en terre ou de fossés couverts empierrés.

L'eau débitée par les drains a besoin d'être soigneusement écartée de toute surface agricole, en ce qu'elle engendrerait la tourbe.

Les terrains plats qui ne permettent pas l'écoulement, peuvent être desséchés par des fossés profonds, assez larges, constamment ouverts, et enfin espacés de façon à ne trop gêner ni le travail agricole, ni la pâture.

Bientôt une eau jaunâtre, verdâtre ou rougeâtre, et huileuse à la surface, remplit les fossés, et, de proche en proche, laisse à sec la partie supérieure du gazon tourbé.

Alors, très-grande dans les fossés dont les parois noires absorbent fortement les rayons solaires, l'évaporation débarrasse la majeure partie du liquide stagnant.

Cependant ce qu'il en reste forme une eau tannée très-concentrée qui peut alimenter de nouveau la végétation des plantes marécageuses environnantes.

En effet, très-longues et très-capillaires, les radicelles de celles-ci vont pomper jusque dans les fossés les sucs tannés dont elles se nourrissent exclusivement, et les rendent ainsi générateurs de nouvelles plantes tourbeuses.

Pour détruire ce foyer tannifère, il faut y répandre, en été, de distance en distance, de la chaux grasse non éteinte, ou des cendres non lessivées.

Planes ou en pente, les prairies tourbées ou se tourbant, assainies par fossés ou par drainage, ne tardent pas à se dessécher inégalement à la surface, et à se couvrir de protubérances et de creux qui finissent toujours par empêcher la fauchaison.

Il devient alors urgent de dégazonner.

Or on dégazonne soit pour égaliser le sol et le laisser en prairie, soit pour écobuage et transformation en culture.

Dans le premier cas, il suffit de herser fortement les protubérances, de semer les plantes fourragères, et de rouler ensuite pour égaliser la surface.

Il va sans dire qu'il importe d'amender par la marne et surtout par les cendres.

Dans le second cas, qui est le plus ordinaire, le plus rationnel et le plus sûr, on dégazonne toute la surface séchée dont on brûle les mottes au printemps.

Cela fait, on étend le résultat de l'écobuage, et l'on sème.

Ordinairement magnifiques pendant les deux ou trois premières années, les récoltes trouvent abondamment l'engrais dans le sol tourbeux, et l'amendement dans les cendres de l'écobuage.

Mais bientôt ces deux éléments de fertilisation s'épuisent, et vers la quatrième ou la cinquième année, au plus tard, la mousse, végétal précurseur de la tourbe, réapparaît de tous côtés, même sur le sol desséché par drainage.

C'est le moment d'amender fortement par la marne, par la cendre, et surtout par la chaux grasse, et d'appliquer ensuite une bonne fumure sur laquelle, avant de transformer la surface en prairie, on lèvera une belle récolte de céréales.

Le dessèchement est sans doute le premier moyen à employer pour détruire la végétation tourbeuse dont l'élément essentiel est l'eau.

Mais on ne sait pas assez que le tannin resté dans le sol peut, à son tour, par une circonstance particulière, comme un été humide, être le générateur d'une nouvelle végétation mousseuse.

Ainsi, l'eau qui sert de véhicule à la formation du tannin, et le tannin qui, en s'imprégnant dans le sol, suscite la végétation tourbeuse, doivent être combattus, le premier par le drainage, et le second par l'amendement, complément indispensable du drainage.

LA CONSERVATION DES FOURRAGES.

En ce qui concerne le foin qui a éprouvé des modifications défavorables, le *Médecin de campagne* nous recommande en substance les soins suivants :

Battons-le à l'air et secouons-le fortement.

Ce sera le débarrasser du sable et de la poussière qu'il contient, et qui, laissés dessus, pourraient causer aux bêtes, de graves affections.

Salons-le, en l'arrosant ou en le laissant tremper quelques heures dans de l'eau salée.

De 5 à 10 grammes de sel par 100 kilogrammes de foin suffisent.

Après l'avoir nettoyé, mélangeons-le avec un bon foin ou avec de la paille récemment récoltée.

S'il est trop avarié, ne l'employons pas comme litière, à cause de la fétidité de son odeur, et, en conséquence, jetons-le sur le fumier.

LA PLUS SIMPLE, LA PLUS FACILE ET LA MEILLEURE MOYETTE.

La plus simple, la plus facile, et, partant, la meilleure moyette, dit M. Victor Borie, se fait ainsi :

Au fur et à mesure que le blé est coupé, prenez une quantité de tiges équivalant à 5 ou 6 gerbes du poids de 15 kilogrammes.

Réunissez-les par un lien, au-dessous de l'épi, aussi près que possible de celui-ci, et sans le froisser.

Posez ce faisceau debout sur le sol.

Ouvrez-le par le bas, pour lui donner de la solidité, comme pour permettre la circulation de l'air dans la moyette.

Cette pyramide une fois bien assise sur sa base, prenez deux ou trois brasses de tiges.

Liez-les solidement, et aussi bas que possible, c'est-à-dire tout près de la partie qui touchait au sol.

Entr'ouvrez ce faisceau pour en faire une sorte de chapeau, et coiffez-en la moyette.

Pour donner de l'air aux tiges, en levant le chapeau, vous profiterez des rayons fugitifs d'un soleil avare, et des rapides éclaircies.

Cela fait, vous pourrez abandonner, sans crainte, à elles-mêmes, pendant au moins 20 ou 25 jours, les moyettes bien faites.

LES OISEAUX UTILES A L'AGRICULTURE.

Parmi les oiseaux utiles à l'agriculture, on compte surtout ceux-ci :

Hérons garde-bœuf.
Cigognes.
Buses, autours, etc.
Hiboux, chouettes, bondrées, etc.
Cresserelles.
Pies.
Corbeaux et corneilles.
Pics et piverts.
Perdrix.
Cailles et râles.
Coucous.
Merles.
Grives.
Etourneaux.
Vanneaux.
Loriots.
Bouvreuils.
Alouettes.
Moineaux.
Troglodytes.
Roitelets.
Rossignols.
Fauvettes.
Hirondelles.
Angoulevents.
Guêpiers.
Gobe-mouches.
Sonneurs.
Rolliers.
Torcols.
Lavandières.
Culs-blancs.
Mésanges.
Huppes.
Pouillots.
Bruants.
Linottes.
Rouges-gorges.
Rouges-queues.
Verdiers.
Pipits.
Grimpereaux
Sitelles.
Traquets.
Pinçons.
Bergeronnettes.

Voici, d'après les naturalistes, dont nous avons consulté les ouvrages, et principalement d'après M. Tschudi, de Saint-Gall, les services rendus à l'agriculture par beaucoup de ces oiseaux.

Le *héron garde-bœuf* défend des mouches et des tiquets, l'espèce bovine.

La *cigogne* se nourrit de reptiles.

La *buse* mange, en un an, plus de 4,000 rats, souris et mulots.

Le *hibou* a les appétits de la buse.

En outre, il détruit les insectes nocturnes et crépusculaires.

La *pie* fait justice des insectes destructeurs du bois.

Elle se régale, par exemple, de noctuelles, de lasiocampes, de sphynx du pin, d'hélitomes, de guêpes du bouleau, de bostriches du pinastre, et de frelons et charançons du sapin.

Le *corbeau* engloutit une quantité prodigieuse de vers blancs.

Le *pic* nettoie d'insectes les endroits pourris des arbres.

La *caille*, le *râle* et la *perdrix* mangent des vers de terre.

Le *coucou*, qui vaut mieux que sa réputation, s'arrange des chenilles velues que les autres oiseaux ne peuvent manger.

Le *merle* purge les jardins de colimaçons et de limaces.

Comme la *grive*, il avale par millions, dans le cours de l'année, les insectes nuisibles.

Le menu de l'*étourneau* est à peu près le même que celui du merle et de la grive.

Il fait une forte consommation de sauterelles et de mordelles.

Le *vanneau* est l'ennemi acharné du taret, destructeur des constructions navales.

L'*alouette* s'attaque aux vers, aux crillons, aux sauterelles, aux œufs de fourmi, à la cécidomye et aux élatérides.

Le *moineau* dévore les vers blancs, les hannetons les mouches, les pucerons, etc.

Sa couvée a besoin de 400 insectes par jour.

Il faut, chaque jour, à une couvée de *troglodytes*, 156 chenilles.

L'ordinaire des enfants du *roitelet huppé* est le même.

Le *rossignol* est un grand destructeur, soit de larves, de cossus et de scolytes, soit d'œufs de fourmi.

La *fauvette* chasse dans l'air, les mouches, les scarabées et les pucerons.

L'*hirondelle*, dite *martinet*, a un estomac dans lequel on peut trouver 540 insectes.

C'est par centaines qu'il faut compter les chenilles servies, chaque jour, par la *mésange*, à sa jeune famille.

N'ayant pas de couvée à nourrir, elle ne pourra, sans bien crier la faim, s'administrer moins de 500 œufs, larves et corps d'insectes.

Dans une chambre, un *rouge-queue* peut prendre 600 mouches en une heure.

Le *traquet* attrape au vol, mouches, vermisseaux et petits scarabées.

En sus, il débarrasse la vigne des larves de la pyrale, de la teigne, de l'eumolpe et de l'attelabe.

Or, une pyrale de moins promet 115 grappes de raisin de plus.

Le *pinçon* s'attaque avec fureur aux aphides.

Vingt *bergeronnettes* purgent de charançons un grenier à blé.

Or, la destruction d'un charançon sauve 92 grains de froment.

C'est dans la même mesure que les oiseaux dont nous n'indiquons pas la nourriture animale, servent l'agriculture.

En effet, sous les yeux de M. Sonrel, vice-président de la Société d'arboriculture d'Epinal, divers de ces aides expéditifs ont sauvé un haut-vent, dont des milliers de chenilles étaient en train de dévorer les feuilles.

Aussi n'avons-nous pas besoin d'un grand nombre de phrases, pour rendre saisissante la nécessité de protéger sans cesse et sévèrement, les envoyés de Dieu, sans les appétits desquels toute récolte deviendrait impossible.

Et nous n'exagérons pas en disant *impossible*, puisqu'ils anéantissent des myriades, soit de petits animaux, soit d'insectes visibles ou microscopiques, dont beaucoup pondent jusqu'à 2,000 œufs.

Ces insectes rongent, percent, coupent et scient les parties ligneuses, les feuilles, les fruits et les graines de l'olivier, de la vigne, du pin, du sapin, de l'orme, du chêne, etc.

Ils font périr des forêts entières qu'il faut aussitôt abattre.

Ils causent, aux producteurs de céréales, une perte qui équivaut parfois à la moitié de la récolte.

Ils s'attaquent avec acharnement aux racines, aux tiges, aux feuilles et aux graines des légumineuses.

Sur 500 graines de colza, ils en consomment ou avarient 200.

Enfin, ils peuvent rappeler, par leurs ravages, le souvenir d'une des sept plaies d'Egypte.

A ceci, on répondra peut-être qu'à de certains moments, beaucoup d'oiseaux vivent autant de fruits ou de graines que d'insectes.

Mais détruire l'être qui, sur mille graines qu'il sauve, en prélève une, serait la plus fatale des fautes de calcul, et le plus coupable des actes d'ingratitude.

Cela équivaudrait à faire au moissonneur un crime de se nourrir de pain et de demander au vin de la force et du cœur.

Quant aux oiseaux que tout le monde s'accorde à condamner comme faisant plus de mal que de bien, qu'il soit sursis, jusqu'à plus ample informé, à leur exécution !

Comme la taupe, qui dévore tant d'êtres nuisibles, et qui draine si bien, le moineau, dont l'Angleterre avait mis la tête à prix, n'a-t-il pas été réhabilité ?

Cela dit, espérons que le législateur s'occupera bientôt des charmants êtres qui, à leur titre de sauveurs des récoltes, joignent celui de chanteurs des jardins, des champs et des forêts.

LA DOUCEUR ET LA MÉCHANCETÉ AVEC LES ANIMAUX.

Celui qui maltraite les animaux qui le servent, lui tiennent compagnie, le caressent et l'amusent, agit contre la justice et contre son propre intérêt.

Il se fait à lui-même infiniment plus de mal qu'il ne peut en faire à ses victimes.

Voilà pourquoi, après te l'avoir dit dans ma première prédication, je viens te le redire.

Au reste, le pasteur que je voudrais pouvoir dignement imiter, se borne-t-il à nous recommander une seule fois de nous aimer les uns les autres?

Maltraiter les animaux est la pratique qui, en leur faisant subir d'inutiles souffrances, s'oppose le plus à ce qu'ils deviennent obéissants et bons.

N'est-ce pas parce qu'il l'avait guéri d'une blessure à la patte, que l'esclave Androclès vit le lion qui devait le dévorer, se coucher à ses pieds et le lécher?

Comment Rarey a-t il dompté, si ce n'est par la douceur, le terrible étalon Stafford?

Non seulement le scandale des violences exercées à l'égard des animaux contriste les âmes honnêtes et leur inflige sans droit une peine véritable, mais encore l'homme est si naturellement imitateur, que le spectacle de ces méchancetés peut avoir sur l'enfance et la jeunesse de funestes effets.

Celui qui est gratuitement cruel envers les bêtes sera facilement sanguinaire envers ses semblables, si quelque passion le pousse à la violence.

La preuve en est dans ce que firent certains bouchers, aux plus mauvais moments de notre première révolution.

Veillons donc à l'exécution de la loi qui punit les bourreaux des bêtes.

Ne tenons aucun compte des dires absurdes de ceux qui prétendent que le législateur ne doit pas descendre à des objets pareils.

La loi, au lieu de descendre, s'élève, quand elle prend soin de protéger les plus nobles penchants de la nature humaine, qui sont la mansuétude et la bonté dans tous les actes de la vie sociale.

Ensuite la prétendue incorrigibilité des animaux n'existe que dans l'imagination des charretiers et des cochers, et peut-être que dans le besoin où se trouvent ceux-ci de justifier de lâches emportements.

LES PETITS BOURREAUX DES ANIMAUX ET DES INSECTES.

L'enfance, cet âge sans pitié, ne se plait qu'à exercer sur les petits êtres, l'activité qui bouillonne en elle.

En attendant qu'à l'exemple du père, on puisse martyriser un bœuf, tourmenter ou tuer de petites bêtes est un bonheur à nul autre second.

Donne-lui un fusil, ou montre-lui à tendre des piéges.

Tu verras de beaux exploits.

Bientôt la campagne n'aura plus de chanteurs.

Bientôt l'alouette n'annoncera plus du haut du ciel le lever du soleil.

De jour, la fauvette ne fera plus de musique dans la haie.

De nuit, le rossignol ne se fera plus entendre dans les bosquets.

Mais qu'est-il besoin de fusils ou de rets ?

Ne sait-on pas, aussi agile que l'écureuil, grimper sur l'arbre ?

Ne sait-on pas y découvrir le nid et l'enlever ?

La malheureuse mère a bien cherché à se faire poursuivre, soit en poussant des cris plaintifs, soit en faisant l'estropiée.

Mais, vains efforts ! on n'a pas pris le change.

Les œufs, on les brisera.

Les petits, on les martyrisera.

En vérité, la méchanceté du renard, de la fouine, de la belette, de l'épervier et de la pie grièche est dépassée.

Ceux-ci, en effet, ne tuent que pour manger, et ils tuent vite.

Vivant épouvantail des maraudeurs, le garde veille, il est vrai.

Pour calmer cette fièvre de destruction, il surgit aussitôt.

Il fait la grosse voix, roule des yeux menaçants, et imprime à son gourdin un moulinet d'assez mauvais augure.

Mais à peine a-t-il les deux talons tournés, qu'on lui fait la grimace, et que la troupe de démons s'envole ailleurs.

Mais si les grands airs de cet argus des champs et des forêts sont pris au sérieux, qui protégera les insectes !

Toute la fureur tombera sur eux.

Ils seront immolés, et avec quelle barbarie raffinée ?

Rappelle-toi les tortures appliquées au hanneton débonnaire fait prisonnier.

On lui coupe les pattes ; on lui arrache les ailes, et on l'attèle tout mutilé.

Pour l'obliger à tourner comme un feu d'artifice, on lui enfonce un dard dans le corps.

Celui-ci, du moins, se rend, comme rongeur, l'ennemi du laboureur.

Mais est-ce une raison de s'apprendre à être cruel, en le faisant périr à petit feu ?

Mais que d'insectes qui drainent la terre, qui fécondent les plantes, et qui croquent les tribus mangeuses de végétaux, peuvent, à bon droit, accuser l'enfance de méchanceté, et ses parents d'ingratitude !

Ah ! sauvons-les, en nous mettant entre le bourreau et la victime.

Sauvons-les surtout, en confiant leur cause au spinalien, dont les complaintes et les images ont fait connaître notre gloire au Patagon, à l'Iroquois et au Lapon.

Sur une série de rouleaux intitulés, en français, en anglais ou en allemand, *êtres favorables à l'agriculture*, il dessinera les animaux vivant d'insectes nuisibles.

Après avoir mis sous les yeux de nos bambins, des tambours, des trompettes, des sabres, des fusils et des canons, l'enluminure leur montrera tous nos amis du règne animal.

Elle les passionnera pour ce qui est utile.

Grâce à elle, un orchestre plus complet de musiciens ailés célébrera la gloire de Dieu ; le char du laboureur pliera de plus en plus sous la récolte, et, traînant un cadavre d'ennemi des plantes, le carabe doré viendra de plus belle nous annoncer, par une exhibition de reflets métalliques, que les champs altérés auront bientôt à boire.

Les yeux sont, chez l'enfance, de grands préparateurs du cœur, et l'échenilleur le moins sujet à prendre l'innocent pour le coupable, serait plus tard celui que l'imagerie aurait rendu judicieux.

LA CHASSE.

Vous aimez la chasse avec passion, dit un jour Fénélon à un jeune chasseur.

Vous est-il arrivé, dans un moment de fatigue ou de repos, de vous demander dans quel but vous détruisez, sans nécessité, les pauvres animaux inoffensifs qui peuplent nos campagnes ?

N'éprouvez-vous pas un vague mécontentement de vous-même, quand vous consacrez vos loisirs à développer les instincts et les facultés du chien ou du furet, pour la destruction d'animaux d'une autre espèce, tandis que ces loisirs vous permettraient de soulager tant d'infortunes?

Quelle idée avez-vous de votre propre cœur, quand, inspirant au chien, la perfidie, vous l'associez à vos plaisirs meurtriers?

Vous êtes-vous bien rendu compte de ces prétendus plaisirs qui étouffent toute sensibilité, au point de faire oublier que c'est par les affreuses douleurs et la longue agonie d'innocentes victimes, qu'on se les procure et s'en fait gloire?

Un jour, mon père organisa une chasse princière dans les vastes forêts de la montagne.

La journée se passa en marches et contre-marches pendant lesquelles les chiens abandonnèrent plusieurs fois les traces des cerfs qui avaient été lancés.

Cependant, vers le milieu de la journée, la meute, quoique harassée, fut mise à la poursuite d'une biche qui, après avoir employé les ruses qu'inspire à ces animaux l'instinct si puissant de la conservation, revint, après un long circuit, au point de départ.

La pauvre bête, contrainte à l'impuissance, par une lutte acharnée, était venue mourir aux lieux où elle avait abandonné son jeune faon.

Réduite aux abois, elle tomba sur la lisière de la forêt.

Aussitôt le piqueur descendit de cheval, et s'armant de sa dague, s'élança sur elle pour la tuer.

Dans ce moment, le faon accourut vers sa mère qui, en le voyant, fit de vains efforts pour se lever.

Mais le piqueur l'immola sans merci.

J'entendis un cri plaintif.

C'était son dernier adieu à son enfant.

Je vis couler des larmes de ses yeux.

C'était son angoisse sur le sort du pauvre petit animal, tombé avec elle au pouvoir de ses bourreaux.

Ah! à cette scène d'affection maternelle, à cette scène de délices cruelles chez des hommes implacables dans leurs plaisirs, je répandis des larmes, et me promis, non seulement de ne plus assister à ces fêtes de douleur, mais encore de plaindre les hommes qui se font un jeu conventionnel de placer leurs jouissances dans les souffrances des animaux.

LE COMMERCE.

Sans le commerce, comme sans l'industrie, point d'agriculture florissante.

Le commerce nous achète nos grains, nos bestiaux et les œuvres de nos mains ou de notre esprit.

Menacés de famine, nous le voyons aller chercher au loin le supplément de vivres dont nous avons besoin.

Conquérant pacifique, il rend nos tributaires toutes les parties du monde.

Il emporte, dans un ballot de marchandises, le bien-être et la civilisation, pour nous les rapporter sous d'autres formes.

Sans lui, où en serait le progrès en toutes choses matérielles et spirituelles ?

Où en seraient surtout les rapports entre peuples ?

Elément tout puissant de grandeur d'un pays, il prospère par la liberté et la rapidité des échanges.

Il grandit par le mouvement.

Le crédit lui fait faire des miracles.

Il s'éclaire et se fortifie par la lutte.

La concurrence suscite en lui une vue large et juste de ses intérêts.

En le rendant plus habile, elle fait de la probité dans les transactions, un moyen indispensable de succès.

Il y a pour un pays grand intérêt à demander son approvisionnement en presque toutes choses, à ses propres ressources.

Ne tirons pas des pays éloignés ce que nous pouvons obtenir sans trop de difficulté.

En outre qui sait si, bien souvent, le spéculateur qu'on appelle *accapareur*, n'est pas un créateur de greniers d'abondance.

LA CIRCULATION DES CAPITAUX.

La circulation des capitaux est une force motrice qu'il importe à chacun de connaître.

Elle est la vapeur appliquée au crédit.

Cent mille francs restés inactifs, pendant l'année, n'équivalent pas à mille francs qui circulent avec toute la rapidité possible.

Une pièce d'un franc qui a passé par dix mains différentes, dans une seule journée, a fait la fonction de dix francs.

En effet, elle a servi à dix achats consécutifs dont chacun a laissé un bénéfice entre les mains du possesseur de la marchandise.

L'étonnement sera plus grand encore, quand on aura calculé que, circulant dix fois par jour, pendant un an, elle aura fait la fonction de 3,650 francs.

Ne sait-on pas qu'avec un capital métallique bien inférieur au nôtre, les Anglais font trois fois plus d'affaires que nous ?

Le motif en est que la circulation des richesses est, chez eux, des plus rapides, des plus actives et des mieux organisées.

LE CRÉDIT COMMERCIAL ET INDUSTRIEL.

Le crédit est la mise en activité la plus judicieuse et la plus féconde des capitaux et de ce qui les représente.

Il ouvre, dit Adam Smith, un chemin dans les airs.

Sans doute il ne multiplie pas les capitaux.

Mais il en multiplie l'emploi.

Puis la richesse nationale ne consiste pas seulement dans la grande masse de valeurs produites par un pays.

Elle consiste également et surtout, comme tout à l'heure nous l'avons vu, dans la circulation générale, continue et rapide de ces valeurs.

A chaque passage de la valeur, d'une main dans une autre, il y a un revenu perçu par celui qu'elle quitte.

Il y a même une faculté de travailler pour celui auquel elle va.

Ici la vitesse est une force productive, en ce qu'elle tend à détruire le chômage et la stagnation du capital.

LA BANQUE DE FRANCE.

Tout papier fiduciaire, rappelant à l'homme des champs les assignats de fâcheuse mémoire, sachons ce que c'est que la banque de France.

La banque de France a produit des merveilles.

Il serait impossible de faire beaucoup de grandes affaires, si l'on était obligé de compter et de vérifier les espèces.

Pour prévenir ce grave inconvénient, comme pour remédier au défaut de faculté de payer, ne provenant pas d'un manque de revenu et de fortune, à quoi a-t-on eu recours?

On a eu recours à une vertu sociale, la confiance qui a donné lieu à la création du billet de banque.

Or le billet de banque est aujourd'hui le moteur le plus puissant de l'échange et de la circulation des richesses sociales.

Il est le papier fiduciaire par excellence.

L'effet de la création a été immense.

Pour le commerce et l'industrie, il a amené une baisse considérable du taux de l'intérêt.

A la banque de France, il a permis de substituer au numéraire qui s'use, et qui représente une valeur intrinsèque propre, une monnaie de papier facilitant merveilleusement les échanges, coûtant peu à produire, et faisant affluer les prêteurs à la banque.

LE SYSTÈME FINANCIER FRANÇAIS.

Notre système financier est de tous le plus simple, le plus clair, le plus exact et le plus sûr.

Les budgets présentés par l'Etat nous en donnent une idée, par la lumière qu'ils font jaillir.

Aussi peuvent-ils être le livre facilement compréhensible de quiconque sait lire.

Que serait-ce si nous examinions une à une les administrations financières ?

A côté de la plus minime opération de recette ou de dépense, il y a une vérification et un contrôle qui commencent au pied, pour ne finir qu'au haut de l'échelle.

Un denier veut-il sortir des mains du contribuable, pour entrer dans la caisse publique, passer d'une caisse dans une autre, quitter celle-ci, et aller dans les mains d'un créancier de l'Etat ?

Il ne le peut, si la légalité de sa perception, la régularité de ses mouvements et la légitimité de son emploi ne sont pas constatées par des agents responsables, vérifiées judiciairement sur pièces, par des magistrats inamovibles, et définitivement sanctionnées dans des comptes législatifs.

N'en croyons donc plus ceux qui prétendent que les agents inférieurs, intermédiaires et supérieurs des administrations font sans cesse leur bourse, et que l'Etat gaspille la richesse publique.

LES MOYENS DE COMMUNICATION.

Otons à l'Empire ses petites et ses grandes artères qui sont les chemins, les routes de terre, la voie ferrée et la navigation.

Ce sera y supprimer le mouvement qui est la vie.

Ce sera reconstituer les Gaules où nos pères menaient une vie si misérable et si sauvage.

Ce sera ne pouvoir exporter ni le blé, ni la viande.

Ce sera n'en pouvoir faire l'argent qui procure le vin, les épices, les vêtements et les outils.

Le chemin relie les unes aux autres les petites localités auxquelles, à cause de leurs besoins d'échange, un isolement complet serait fatal.

La route en fait autant des villes.

La voie ferrée transporte hommes et produits, dans le temps le plus court donné, à d'énormes distances.

En outre, elle nivelle les prix des denrées de première nécessité.

La navigation reçoit les marchandises encombrantes dont celle-ci ne peut se charger, et grâce à ces moyens multiples de communication, il ne peut y avoir de déserts dans l'Empire, et tout lieu doit s'attendre à être cultivé, visité ou habité.

LA VOIE FERRÉE.

La voie ferrée est pour le progrès agricole un riche don de Dieu.

Elle diminue notre besoin de recourir à la voie de traction animale.

Elle présente moins de danger que les autres moyens de locomotion.

Elle assure aux transports plus de rapidité que le roulage et la navigation.

Elle abrége et rend moins dispendieux les voyages.

Elle supprime les distances qui, naguère, séparaient pour des années les parents et les amis.

Elle permet de porter aussitôt une armée sur un point menacé.

Emule du télégraphe, elle fait franchir à la pensée, en quelques heures, des centaines de lieues.

Elle rend le désert infiniment moins long à traverser.

Elle est pour l'administration un élément de force.

Elle augmente le prix des marchandises là où il était trop peu rémunérateur.

Elle l'abaisse là où il était excessif.

Elle offre à certaines industries l'inappréciable faculté d'émigrer de la ville au village.

Elle apporte la vie là où elle manquait.

Elle fait naître la terre négligée à l'espérance d'être soignée.

Elle aide les nations à mieux se connaître et à mieux s'apprécier.

Elle leur fait contracter le besoin d'échanges plus fréquents, plus importants et plus variés.

Elle les dispose à supprimer progressivement les barrières qui les séparent.

Elle est un instrument de paix universelle.

Elle met à deux pas de nous les peuples sauvages qui attendaient la lumière de l'Evangile.

Elle rend plus générale et plus facile à acquérir la connaissance des langues qui se parlent le plus.

Au patois, convaincu de rudesse, elle apporte son arrêt de mort.

Elle n'a qu'à paraître pour faire tomber les préjugés et la superstition.

Par suite, elle introduit la tolérance.

Elle procure aux pays habités par différentes races, l'unité qui fait la force et l'avenir des peuples.

Elle prépare les nations à traiter l'esclave et le juif en frères.

Elle est à l'état de civilisation laissant à désirer, ce qu'est le drain au sol trop peu salubre.

En un mot, elle complète quatre éléments de grandeur prodigieuse : le christianisme, la marine à vapeur, l'électricité et l'imprimerie.

L'ESSOR A IMPRIMER A LA RICHESSE NATIONALE.

Il faut multiplier les moyens d'échange, pour rendre le commerce florissant.

Sans concurrence, l'industrie reste stationnaire, et conserve des prix élevés qui s'opposent aux progrès de la consommation.

Sans une industrie prospère qui développe les capitaux, l'agriculture elle-même demeure dans l'enfance.

Dans le développement successif des éléments de la prospérité publique, tout s'enchaîne.

Avant de développer notre commerce étranger par l'échange des produits, améliorons notre agriculture.

L'améliorant, affranchissons notre industrie de toutes les entraves intérieures qui la placent dans des conditions d'infériorité.

Aujourd'hui, toutes nos grandes exploitations sont gênées par une foule de réglements restrictifs.

Puis, le bien-être de ceux qui travaillent est loin d'être arrivé au développement qu'il a atteint en Angleterre.

Il n'y a donc qu'un système général de bonne économie politique qui puisse, en créant la richesse nationale, répandre l'aisance dans la classe ouvrière.

Or l'aisance moralise.

En ce qui concerne l'agriculture, faisons-la participer aux bienfaits des bonnes institutions de crédit.

Défrichons là où nous le pouvons, sans inconvénient, les forêts des plaines.

Reboisons les montagnes.

Affectons, tous les ans, une somme considérable aux grands travaux de dessèchement, d'irrigation et de défrichement.

Ces travaux feront de communaux incultes, des terrains cultivés.

Ils enrichiront la commune, sans appauvrir l'Etat, qui recouvrera ses avances par la vente d'une partie des terres procurées à l'agriculture.

Pour encourager la production industrielle, affranchissons de tout droit les matières premières indispensables à l'industrie.

Prêtons-lui exceptionnellement, et à un taux modéré, comme on l'a déjà fait à l'agriculture pour le drainage, les capitaux qui l'aideront à perfectionner son matériel.

Un des plus grands services à rendre au pays, est de faciliter le transport des matières de première nécessité pour l'agriculture et l'industrie.

A cet effet, exécutons le plus promptement possible les voies de communication.

Ces voies auront surtout pour but d'amener la houille et les engrais sur les lieux où les besoins de la production les réclament.

En établissant une juste concurrence entre les canaux et les chemins de fer, efforçons-nous de réduire les tarifs.

L'encouragement au commerce, par la multiplication des moyens d'échange, viendra alors, comme conséquence naturelle des mesures précédentes.

L'abaissement successif de l'impôt sur les denrées de grande consommation sera donc une nécessité.

Il en sera de même de la substitution de droits protecteurs au système prohibitif qui limite nos relations commerciales.

Par ces mesures, l'agriculture trouvera l'écoulement de ses produits.

Affranchie d'entraves intérieures, aidée par le gouvernement, et stimulée par la concurrence, l'industrie luttera avantageusement avec les produits étrangers.

Notre commerce, au lieu de languir, prendra un nouvel essor.

Des traités avec les autres peuples feront le reste.

En un mot, nous serons aussi grands dans les luttes de la paix que dans celles de la guerre.

Ainsi, cher laboureur, ai-je entendu parler en termes à graver sur des tables d'airain, le Souverain qui nous gouverne.

LES POUVOIRS FORTS.

Quand on recourut, pour un grand emprunt public, à la voie de souscription nationale, l'intérêt privé et la routine dirent à l'Etat :

Où nous menez-vous ?

Vous allez vous aliéner une redoutable puissance : la haute banque.

Ayant tristement échoué, vous vous adresserez en vain à elle.

Le pouvoir passa outre.

L'opération lui réussit.

Au lieu de millions, il obtint des milliards.

Les financiers stupéfaits ne purent qu'admirer la création du nouvel élément de crédit.

Bref, l'Etat eut plus et mieux que de l'argent.

Il eut un million de petits créanciers qui, dès lors, furent acquis à l'armée de l'ordre public et moral.

A un autre moment, quand il s'agit de transformer Paris, on s'écria encore :

Où nous menez-vous ?

Le marteau qui abattait la vieille cité répondit seul.

A quelque temps de là Paris était devenu la plus belle, la plus salubre et la plus sûre capitale du monde.

LES BONNES RÉVOLUTIONS DOUANIÈRES.

Les mots *réforme douanière* tombent de la bouche du Souverain.

Tout aussitôt les plaintes se mêlent aux acclamations par bonheur plus nombreuses.

De quoi s'agit-il donc?

Il s'agit de remplacer des prohibitions et une protection exagérée n'ayant plus de raison d'être, par des droits calculés de façon à protéger suffisamment les intérêts de la production et de la consommation indigènes.

Il s'agit de substituer à la doctrine de l'isolement absolu et de l'hostilité systématique entre pays producteurs, une doctrine plus conforme aux besoins de l'époque.

Il s'agit d'ouvrir les portes jusqu'à présent fermées par lesquelles passent les échanges matériels et moraux, la paix générale, et, en un mot, le progrès.

Il s'agit de mettre à la disposition de notre industrie, les matières premières qui sont indispensables à son complet développement, et qu'elle ne se procurerait aujourd'hui qu'à des prix élevés.

Mais, par un curieux phénomène de l'intérêt privé, les clameurs des industries privilégiées grandissent au lieu de s'apaiser.

Ne touchez pas, dit-on, à l'arche sainte de la prohibition et de son équivalent, la protection excessive.

La concurrence étrangère nous jugulera.

Laissez les choses en l'état.

En d'autres termes, ne touchez pas à la ceinture de vices qui, sous le nom de *contrebande*, enserre le pays, et qui constitue une admirable école de brigandage.

Tout va pour le mieux dans le meilleur des mondes industriels et agricoles qui est celui du jour.

Pour nous édifier sur le mérite de la protestation, voyons de près la prohibition, la protection exagérée et la protection sagement calculée.

Le régime prohibitif entretient entre les peuples, l'antagonisme, et l'esprit d'exclusion.

Il proscrit toute concurrence.

Il supprime toute émulation.

Il arrête l'essor du génie industriel.

Par l'élévation factice des prix, il impose à la masse des consommateurs, des sacrifices qui altèrent sensiblement les épargnes générales de la nation.

Il diminue, dans une énorme proportion, la facilité et même la possibilité des échanges.

Il entrave l'accroissement du commerce extérieur et de toutes les industries intermédiaires qui s'y rattachent.

En vérité, le régime prohibitif est, de sa nature, incompatible avec l'état actuel de nos mœurs et de notre civilisation.

L'exagération des droits protecteurs a le même caractère et les mêmes effets que la prohibition directe.

En effet, comme celle-ci, elle provoque de la part de l'étranger, des représailles qui compriment nos moyens d'exportation, et qui restreignent le nombre des marchés ouverts aux produits les plus précieux du sol et de l'industrie.

Maintenant, quels sont les effets de l'affranchissement ou de l'abaissement des taxes?

Les deux mesures améliorent largement les conditions générales et les prix de revient de la production manufacturière.

Des produits exotiques de grande consommation, elles font l'élément le plus important des transports maritimes.

Elles rendent innombrables les échanges entre nous et les contrées d'outre-mer.

Elles nous permettent de porter chez les peuples sauvages quelque chose de meilleur encore que nos articles de négoce: le christianisme et la civilisation.

Elles augmentent l'effectif de la flotte marchande et de l'inscription maritime.

Elles excitent et développent l'esprit d'entreprise, sans lequel il n'y a point de grande nation.

Elles obligent les peuples à ne pouvoir se passer les uns des autres.

Par conséquent, elles leur imposent le bien le plus à rechercher : la paix.

Enfin, elles nous procurent la nourriture, l'habitation, les vêtements et les articles à bon marché.

LE LIBRE ÉCHANGE, LA PROHIBITION ET LA PROTECTION.

Les bonnes lois douanières, en ce moment, sont à la fois libérales et conservatrices.

Elles ne sacrifient l'industrie nationale ni à la routine, ni à un mal plus grand : l'utopie.

Aussi éloignées du libre échange que de la prohibition, elles réalisent l'utile, en écartant le dangereux.

Non combiné avec la protection, le libre échange n'est bon qu'à faire disparaître une plaie hideuse des sociétés : la contrebande.

Il supprime, il est vrai, toutes les zones douanières et toutes les barrières qui distinguent économiquement les peuples.

Mais il livre ceux-ci aux chances d'une désastreuse concurrence.

Il les y livre sans aucune des garanties susceptibles d'assurer l'équilibre de la richesse publique entre les forces souvent inégales de la production et du travail.

Quant à la prohibition, elle enferme l'activité des peuples dans les frontières de l'Etat.

Dans ce système, les gourvernements ne promulguent leurs lois douanières, qu'en prévision de guerres longues et acharnées.

Les marchandises étrangères sont prohibées.

Les producteurs indigènes sont, par suite, dotés d'un monopole.

Ils en usent pour vendre cher des marchandises qu'ailleurs on se procure à bon marché.

De là, pour celui qui consomme, des sacrifices.

De là, pour celui qui produit, des bénéfices excessifs.

De là aussi, rien qui vienne exciter l'industrie à grandir par des perfectionnements.

Évidemment, ce qu'il y a à faire pour la France, est entre les deux extrêmes qui viennent d'être définis.

Mais, facile à préférer, le milieu indiqué est difficile à faire prévaloir.

D'une part, le libre échange veut tout.

D'une autre part, le monopole qui ne veut rien céder s'émeut.

Représenté par peu d'individus, mais redoutable par le talent et la fortune, il s'agite violemment.

Il crée dans le pays une surrexcitation sans raison d'être, mais pourtant dangereuse.

Heureusement, la puissante volonté qui est sûre de la nécessité et du succès de la mesure, reste sourde aux clameurs qui vont se perdre dans les acclamations de l'opinion publique.

Le système protecteur est résolument appliqué.

La transition d'un état de choses à un autre porte aussitôt ses fruits.

Des prix modérés ont succédé à des prix excessifs.

La contrebande qui est la guerre civile a diminué dans la même proportion.

Nos manufacturiers se sont mis à faire mieux, plus vite et plus économiquement que leurs rivaux de l'étranger.

Le progrès s'est concilié avec la conservation.

Le plus grand nombre a profité de la réforme.

L'agriculture a vu ses débouchés se multiplier et s'étendre.

Il n'y a eu d'atteint, pendant quelques instants, que l'égoïsme des intérêts privés.

Enfin nos relations économiques avec les autres peuples se trouvent avoir été portées au plus haut degré d'activité et de puissance.

CONCLUSION.

Ici, résumons-nous.

Dieu est la créateur et le maître des mondes.

Sa bonté infinie nous a pourvus d'une âme qui ne meurt pas avec le corps.

Nous pouvons lui ressembler par la vertu, degré le plus élevé de perfection que nous puissions atteindre.

La prière, la charité, l'étude et le travail nous procurent à toujours les biens du corps, de l'esprit et de l'âme.

Devant le mérite, comme devant la loi, nous nous valons les uns les autres, quelles que soient notre couleur, notre race et nos croyances.

Enfin, la paix fait le bonheur individuel et général.

Voilà pour la morale.

Restreinte aux limites du domaine rural, l'économie est la science de l'homme des champs.

Elle a pour objet, la direction de l'exploitation dont les principaux points sont :

Le choix des cultures suivant le climat, le sol, le capital, le prix de revient et le prix de vente.

La préférence à donner à telle ou telle espèce de bétail, et dans chaque espèce, à telle ou telle race, selon les circonstances.

Le mode de faire valoir par fermier, métayer, ou valets, afin de retirer du sol la meilleure rente.

Portée à des spéculations plus élevées, l'économie s'occupe des causes diverses qui peuvent influer sur la richesse des différents pays.

Elle étudie et indique l'action des institutions et des mœurs, sur toutes les formes du travail.

Elle mesure le progrès lent ou rapide de celui-ci, selon qu'il manque de sécurité, ou s'exerce en toute liberté.

Procédant de la sorte, elle devient une des branches les plus importantes des connaissances humaines, et le devoir de chacun est de l'étudier dans tout ce qui concerne ses attributions.

Maintenant, cher lecteur, permets-moi de finir par une réflexion bien affligeante.

Quand mille personnes que Jupiter a rendues folles achèteront, pour la dévorer, l'œuvre qui sape les croyances les plus chères à l'âme, qui glorifie le vice, ou qui délaie n'importe quelle idée dans mille mauvaises pages, une seule regardera avec quelque intérêt tout ce que j'étale, dans mes prédications, de trésors empruntés à la sagesse antique comme aux meilleures productions scientifiques et littéraires des temps modernes.

O esprits forts, il y aura tout à l'heure 6,000 ans qu'on vous voit pratiquer de la sorte le progrès dont vous vous dites presque tous les apôtres fervents.

Le baladin prime, à vos yeux, le sage le plus grand et le penseur le plus profond.

Au diamant vous préférez le faux joyau.

Et votre intelligence et votre cœur reçoivent de vous si maigre nourriture, que, quand un peuple rompt sa chaîne réelle ou supposée, vous n'êtes bons qu'à lui montrer à démolir.

Encore un mot!

Je suppose que les ministres de l'agriculture et de l'instruction publique, trouvant l'ensemble de mes prédications susceptible de susciter tout aussitôt la lumière agricole, en envoient des millions d'exemplaires aux millions d'enfants qui ont besoin d'être éclairés.

Hé bien! si l'Université n'en rend pas l'étude *obligatoire*, ce sera donner un coup d'épée dans l'eau.

La raison en est que, dans tout corps, les 99 centièmes du personnel ne font que ce qu'ils sont obligés de faire.

En effet, si, par exemple, vous laissez les instituteurs libres de créer leur programme d'enseignement, vous les verrez supprimer ici, les études religieuses, là, l'histoire ou la géographie, et ailleurs, ce qui va au-delà des quatre opérations fondamentales du calcul.

Par conséquent, vous ne les verrez montrer un peu d'agriculture que quand la certitude de conquérir une médaille ou une prime les aura stimulés.

En se bornant, malgré le vœu général, à approuver ou à recommander les traités élémentaires d'agriculture qui lui sont soumis, l'Université doit s'inspirer d'un motif, à ses yeux, très-puissant, car tous ses actes sont frappés au coin de la sagesse.

Quel est ce motif?

Je l'ignore; mais je suis convaincu qu'elle ajouterait immensément à son prestige, au bien-être matériel, intellectuel et moral de tous, et à la grandeur de la France, en rendant obligatoire l'enseignement élémentaire de l'agriculture.

Puissent, en attendant qu'elle reconnaisse combien la mesure proposée profiterait aux lettres elles-mêmes, les agronomes et les conseils généraux élever de plus en plus la voix en faveur de l'art dont le progrès est une nécessité si grande!

Encore un mot!

En vain l'université rendra obligatoire l'enseignement agricole, si elle exige que le traité élémentaire adopté soit étudié par cœur, car les études par cœur font les neuf dixièmes des paresseux d'une classe.

FIN DE LA QUATRIÈME PRÉDICATION.

Tableau A, ou Répertoire.

N°s.	Nature de la Propriété.	Voisins.	Cantons ou lieux-dits.	Longueurs et largeurs.	Contenance.	Prix par hectare.	Prix par pièce.		Classes.	Revenus.		Impositions.		Observations.
1	2	3	4	5	6	7			8	9		10		11
				m. c.	h. a. c.	fr.	fr.	c.						
1	Pré.	Claude et Pierre.	A l'[illegible]	200 » 130 » 130 »	1 20 »	2,500	10,500	»	2e	315	»	37	20	
2	Pré.	André et Antoine	A la [illegible]	100 » 80 » 70 »	0 80 »	3,000	2400	»	1re	80	»	9	10	
3	Champ.	Philippe et Jacques.	A la Grande-Rose.	250 » 110 » 100 »	3 65 50	1,250	4[illegible]	75	2e	73	50	8	72	
4	Id.	Antoine et Blaise.	Au Pré-de-l'Oiseau	220 » 55 » 50 »	1 15 50	1,600	1848	»	2e	33	65	3	11	
5	Id.	Denis et Pierre.	A [illegible]	160 » 12 » 10 »	0 11 »	2,500	275	»	1re	5	50	»	52	
6	Id.	André et Michel	Aux [illegible]	320 » 110 »	3 52 »	1,000	3520	»	4e	52	80	6	26	
7	Id.	Ve Thomas et Cosme.	A la [illegible]	100 » 86 » 80 »	3 32 »	1,600	5312	»	2e	99	60	11	80	
8	Id.	Duchesne et Dubois.	Aux Carottes.	210 » 42 »	0 88 20	1,250	1102	50	3e	17	64	2	03	
9	Id.	Leduc et Maréchal	Aux Champs-des-Alouettes.	220 » 36 » 34 »	0 79 60	1,600	1,2[illegible]	60	2e	23	88	2	54	
10	Id.	Louis et [illegible]	Aux Champs-Bergers	220 » 61 »	1 34 20	2,400	3220	80	1re	33	68	6	37	
11	Maison, verger et potager			110 » 25 » 20 »	0 25 20		6000	»	1re cl.	9	68	1	14	

Tableau B, ou Modèle de Comptabilité.

Nos	Désignation et contenance	Intérêts ou loyers	Nature et quantité de l'engrais transporté ou répandu	Prix	Sommes	Nature des travaux exécutés	Prix par hectare	Sommes	Semences. Quantités par hectol.	la pièce	Prix	Sommes	Assurance et contributions	Derniers frais	Prix par hectare	Sommes	Montant de la dépense (col. 3, 6, 9, 12, 13, 16)	Indemnité de l'assurance sur les sinistres	Rendements par hectare	pièce	Prix	Sommes pour ce qui est vendu ou consommé	Montant des recettes (col. 21)	Différence	Observations
1	2	3	4	5	6	7	8	9	10		11	12	13	14	15	16	17	18	19		20	21	22	23	
		fr. c.		fr. c.	fr. c.		fr.	fr. c.				fr. c.	fr. c.		fr. c.	fr. c.	fr. c.					fr. c.	fr. c.	fr. c.	
1	Pré, 4h 20a	525 »	Cendres, hectol. 20 sur le 1/3.	3 50	70 »	Irrigation	20	84 »					37 30	Fauchage et fanage. 2 coupes. Transport.	35 »» 5 »»	147 » 21 »	884 30		5,000 kil.	21,000 kil.	56 »»	1,176 »	1,176 »	291 70	
2	Pré, 4h 50a	120 »				Irrigation.	20	10					9 40	Id. Id. Id.	35 »» 5 »»	28 » 4 »	177 40		6,000 kil.	4,800 kil.	60 »»	288 »	288 »	110 51	L'irrigation en mars, par le vent du sud, a été d'un heureux effet.
Partie du nº 3	Blé, 4h 00a	181 25	Fumier, 72m 50c	7 25	125 60	1 labourage. 1 scarificateur. 2 hersages.	25 12 5	72 50 34 80 20 »	2h 50	725	22 »»	150 50	Ass 5 75 Con 6 88	Sarclage, moisson et liens. Battage. Transport.	22 50 25 »» 4 »»	65 25 72 50 11 60	1164 63		18 hectol. Paille, 2,400 kil.	52 hectol. 20 6,960 kil.	22 »» 10 »»	1,148 40 278 40	1,426 80	262 17	
Partie du nº 3	Méteil, 0h 50a	31 25	Fumier, 12m 50c	7 25	90 60	Même culture.	25 12 5	12 50 6 » 5 »	2h 50	125	18 »»	22 50	Ass 1 » Con 1 18	Id. Id. Id.	22 50 25 »» 4 »»	11 25 12 50 2 »	193 78		22 hect. 50 Paille, 2,500 kil.	11 hectol. 25 1,200 kil.	18 »» 36 »»	202 50 40 80	243 30	49 52	Faite par un mauvais temps, la semaille n'a pas réussi.
Partie du nº 3	Seigle, 0h 27a 50c	17 15	Fumier, 6m 87c	7 25	49 80	Id. Id.	25 12 5	6 85 3 30 2 70	3h	82	16 »»	13 10	Ass » 50 Con » 65	Id. Id. Id. Id.	22 50 25 »» 4 »» 1 »»	6 18 6 87 1 10	108 20	21 15	18 hectol. Paille, 2,700 kil.	4 hectol. 95 742 kil.	16 »» 26 »»	21 15 79 20 29 70	130 05	21 85	
Partie du nº 6	Colza et Navette, 2h	100 »	Fumier, 30m et 24 hectol. de cendres.	7 25 3 50	217 50 84 »	Id. Id. Id.	25 12 5	50 » 24 » 20 »	0h 03	10	0 32	3 20	Ass 12 » Con 3 50	Sarclage. Moisson. Battage et transport.	20 »» 15 »» 28 »»	40 » 30 » 56 »	640 26		20 hectol. Paille, 1,200 kil.	40 kil. 2,400 kil.	30 »» 5 »»	1,200 » 12 »	1,212 »	571 74	Je me suis très-bien trouvé d'avoir sarclé.
Partie du nº 6 5	Trèfle, 1h 50a 0h 11a	76 » 13 75	Fumier, 16m 20c et 1m 07c de plâtre.	5 50 2 »»	89 65 8 15				1h 50	24h 45	1 »»	24 45	Con 2 70 Con » 52	Fauchage. Fanage. Transport.	25 »» 5 »»	40 75 8 15	264 12		4,000 kil.	6,520 kil.	5 »»	326 »	326 »	61 88	Le plâtrage a fait grand bien.
8	Racines et Carottes, 1h 08a 20c	55 15	Fumier, 13m 25c et 10 hectol. de cendres.	7 25 3 50	95 90 37 65	2 labourages. 1 scarificateur. 2 hersages.	25 12 5	44 10 10 40 8 80	1050 150	750	1 »»	7 »	Con 2 00	Petites cultures et arrachage. Transport	50 »»	52 90 20 »	333 59		20 et 30,000 Moyenne 25,000 kil.	22,050 kil.	20 et 16 18 »»	396 90	396 90	63 31	
9 10 Partie 7	Portions de terre, 0h 12a 12c 1h 35a 10c 0h 04a	79 65 161 65 10 00				Id. Id. Id.	25 12 5	117 90 35 50 20 00	25h	73h 95	2 25	166 40	Con 3 54 Con 6 37 Con 2 20	Diverses cultures et arrachage. Transport des 10,000 kil.	80 »» 1 »»	205 25 41 35	1009 11		203 hectol.	591 hectol. 60	2 25	1,331 10	1,331 10	341 69	
Partie du nº 7 3	2h 22a 50c 1h 15a 50c	178 » 92 30				1 labourage. 1 hersage.	25 5	84 50 16 50	2h 50	44h 83	7 30	88 75	Ass 3 60 Con 4 11 Con 7 92	Moisson et liens. Battage. Transport.	9 »» 14 »» 3 50	39 42 47 32 11 83	565 75		24 hectol. Paille, 1,800 kil.	81 hectol. 12 6,083 kil.	7 50 28	608 40 170 35	778 75	213 »	
Partie du nº 7	0h 17a 50c	28 »	Cendres, 11 hectol. 10c	3 50	39 90	1 labourage. 1 scarificateur. 1 hersage.	25 12 5	11 85 5 70 4 70	2h 50	148	18 »»	21 15	Ass 4 80 Con 1 40	Moisson. Battage. Transport.	12 »» 18 »» 4 »»	5 70 8 55 1 90	111 21		18 hectol. Paille, 1,000 kil.	8 hectol. 55 475 kil.	18 »» 18 »»	153 90 8 55	162 45	51 24	Nota. — Dans la formation de son tableau, le cultivateur, pour plus de clarté, laissera pour chaque article un espace en blanc que le format du livre a empêché de ménager.
	Totaux, fr.	1748 25			1208 15			705 80				500 35	114 94			1050 37	5464 80	24 15				7,477 35	7,477 35	2,012 59	

TABLE DES MATIÈRES.

FIN DE LA TABLE.

Typ. et Stér. HUMBERT. — Mirecourt.

www.ingramcontent.com/pod-product-compliance
Lightning Source LLC
LaVergne TN
LVHW020607230826
846091LV00002B/639

* 9 7 8 2 3 2 9 4 5 8 5 0 2 *